Tassel decoration

Tassel decoration

Tassel decoration

Tassel decoration

我的亮眼生活，我設計！

繞線珠 & 流蘇穗花
手作 Lesson

金田惠子
KEIKO KANADA

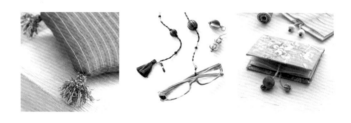

最愛美麗流蘇穗花

　　熱愛植物的我對流蘇穗花的由來有個想像——或許它源自某個人在某天見到隨風搖曳的野草以後信手拈來開心地甩動。而我至今還是很喜歡把野草繫綁成束，沙沙作響地甩動把玩著。原野裡的花花草草也一直都是我創作流蘇穗花的靈感來源。

　　本書中介紹的對摺式流蘇穗花，採用的都是一般人就能駕輕就熟的技巧。配合用途選用繡線、線繩、緞帶等素材，就能夠完全依照自己的想像，輕易完成外觀小巧可愛或是蓬鬆碩大又充滿律動感的流蘇穗花。

　　製作流蘇穗花時，最重要的是線的長度、份量、幅寬，以及繫綁的位置。用力綁緊則是製作精美漂亮流蘇穗花的最大關鍵。

　　我非常喜歡設計流蘇穗花的造型，挑選線材、捲繞裝飾、構思繞線珠配色、決定串珠＆花飾使用方式時，總是充滿著愉悅與期待的心情。希望您也能夠透過製作流蘇穗花，享受如此美好的感覺。

2019年1月30日　　金田惠子

CONTENTS

作法簡單&精美時尚!
對摺式流蘇穗花

對摺線束並繫綁形成頭部即可完成,是一種外形素雅且作法非常簡單的流蘇穗花。選用棉質繡線的優點在於,即便是不甚熟練的人也會覺得易於製作,其多樣化的繽紛色彩更是魅力十足。從指尖大小的超迷你款,到分量感十足的大型尺寸,配合用途選用素材就能夠盡情享受製作流蘇穗花的樂趣。小巧款的流蘇穗花則不需要任何工具就能製作出來。

1・2 … 基本款流蘇穗花
使用25號繡線。

3〜15 … 流蘇穗花變化組合
花式紗線或繩、帶等,加上串珠或緞帶。

How to make
1〜5→**P.49**
6〜10→**P.50**
11〜15→**P.51**

11

12

13

14

15

PART*1
室內裝飾＆隨身小物

在經常使用的心愛隨身小物加上流蘇穗花或繞線珠，
就能大幅提升精美程度與樂趣！

16

17

針具布書

以繞線珠取代固定釦，成為裝飾重點。
使用喜愛的布料完成封面，夾入不織布頁面，
完成方便隨身攜帶的針具小布書。
也可以增加頁數，依用途分類針具進行收納。

How to make → **52·53** page

縫紉工具組

為剪刀與捲尺繫上造型簡單素雅的流蘇穗花，
替針插縫上橡實造型的繞線珠。
在填充針插的棉花裡頭加上乾燥鼠尾草，
針具就會比較不容易生鏽。

How to make
18・19→54 page　20→55 page

18

19

20

抱枕套

以綴滿棉粒的繡線，完成蓬鬆柔美的流蘇穗花，
縫到抱枕套四角之後，更加充滿存在感。
僅僅只是在市售抱枕套加上流蘇穗花，就能時尚感大增！

How to make → **56** page

21

米白色蕾絲流蘇穗花

取名Elene（左）與Princess（右）。
套上蕾絲裙，充滿貴婦意象的藍色流蘇穗花為Elene。
由古典風蕾絲與透明串珠構成，
洋溢高雅氣息的白色流蘇穗花則是Princess。
襯得屋內更顯華麗。

How to make
22 → 58 page
23 → 58・59 page

22

23

小巧可愛的流蘇穗花

迷你尺寸流蘇穗花作法簡單，對摺繡線後繫綁即可完成。
拿來裝飾原子筆、鉛筆等小文具用品也很適合。
以吊繩串起就能完成串連3、5個流蘇穗花的漂亮裝飾。

How to make → **56·57** page

以一束繡線完成3個流蘇穗花

線束上下摺的部分可完成兩個小的，
中間部分則可製作一個稍微大一點的流蘇穗花，
充分利用一整束繡線。吊繩則是使用市售線繩。

How to make → **57** page

Column...1

使用棉質繡線
完成配色獨特的
個人專屬流蘇穗花

有一天上課的時候，我發現M同學的包包掛著
一個有別於以往，配色十分獨特的流蘇穗花，
我感到很好奇便開口詢問。對此她表示：「我
正在閱讀一本我非常喜歡的詩集，所以就參
考封面顏色做了這個。」她讓我看了看那本詩
集，只見那個流蘇作品維妙維肖地重現了詩集
封面的顏色。

繡線顏色十分豐富多彩，一個廠牌的繡線顏色
就多達兩百多種，多到數也數不清。

我認為現在能有這麼多種顏色的繡線可供選
擇，是刺繡家、刺繡愛好者在創作時非常重視
色彩運用的需求，經年累月累積下來的成果。

以棉質繡線製作流蘇穗花時，不妨增加些許
繡線用量，製作出垂穗展開後顯得更蓬鬆飽滿
的作品吧！垂穗會在繫掛時蓬起，成為質感輕
柔且外形可愛迷人的流蘇穗花。用喜愛的顏色
來製作出耐看耐用的款式吧！

使用金屬配件，更輕易地完成對摺式流蘇穗花

準備好喜愛的線繩材質或緞帶材料，決定好想製作的流
蘇穗花長度以後，纏繞到流蘇製作器或手作繞線板上。
將金屬配件穿過頭部，以縫釦線繫綁最佳位置，再捲繞
緞帶等物加以裝飾，精美漂亮的流蘇穗花就完成囉！市
面上可買到各式金屬配件，請配合用途挑選吧！圖中藍
色流蘇穗花為P.5的No.14作品，加上金屬配件與緞帶的
變化組合。

漂亮飾品&外出小物

做成耳環或包包吊飾也十分受人喜愛的流蘇穗花。
讓人不禁想加在各式物品上,盡情享受搭配樂趣。

35

36

37

38

繞線珠造型飾品

由雙色繞線珠、流蘇穗花與珠鍊
構成配色絕妙的眼鏡鍊,
配掛在胸前便顯得格外時髦。
多個繞線珠可以做成胸針,
單個的鍊墜也賞心悅目。

How to make
35→**60** page　36→**61** page
37·38→**60**·**61** page

39

40

黑白配色流蘇鍊墜&針式耳環

黑色流蘇加上施華洛世奇串珠裝飾，
上頭的繞線珠也綴滿串珠，做成華麗典雅的鍊墜。
搭配黑白配色針式耳環，組成一整套精美飾品。

How to make　39→59 page　40→62 page

41

42

繞線珠髮箍

在天鵝絨髮箍上面，
加上具光澤感的絹線繞線珠、串珠、蝴蝶結等裝飾。
選擇製作成色澤較深而充滿古典氛圍的款式。

How to make → **63** page

邊緣綴滿洋蔥形流蘇穗花的披肩

披肩周圍綴滿外型可愛而備受歡迎的洋蔥形流蘇穗花，
它的作法簡單，對摺繡線繫綁一下就可完成。
如果是休閒風的長版圍巾，用多種顏色的流蘇穗花
裝飾得色彩繽紛也別有一番樂趣。

How to make → **40・62** page

43

布包

在背帶或提把加上流蘇穗花與繞線珠作為裝飾重點。
包包正面分散縫上小巧可愛又色彩繽紛的繞線珠，
令人愛不釋手，每天都想帶著出門。
可以此為參考，享受將市售包包點綴得更具個人風格的樂趣。

How to make → **64** page

44

45

捲繞三股編繩的環狀提袋裝飾

以線繩進行編織，完成三股編繩後，
捲繞在圓環上即可完成作法簡單的提袋裝飾。
加在造型簡單素雅的提袋上作為裝飾重點，
將環圈套在提把上，還可束緊袋口。

How to make → **65** page

46

47

手套掛環

在專用金屬配件加上了造型簡單的流蘇穗花，
只是掛上去就能大幅提升包包的時尚度。
在天冷季節外出時配戴，感覺心情也為之晴朗起來。

How to make → **65** page

17

48

49

50

51

52

手機吊飾

No.50為市售金屬配件
加上小巧繞線珠與流蘇穗花,
No.51為皮草毛球與繞線珠的組合。

How to make
48·49 → **66** page
50·51 → **67** page   52 → **68** page

雨傘吊飾

配合傘的顏色繫上流蘇穗花,
就能今日常用傘更顯優雅!
也很推薦作為容易錯拿的塑膠傘識別標誌。

How to make → **68** page

53

54

昭和「暖簾」演奏的
窗邊交響曲

這是熱愛手作的Y小姐府上的廚房窗飾。
繞線珠是以形狀漂亮罕見的木珠做成,但
很遺憾的是市面上買不到這種木珠。它是
四十多年前曾大為流行,幾乎家家戶戶都
會吊掛的珠簾材料,日本人稱為昭和暖簾,
是一種十分令人懷念,昭和家庭倫理連戲
劇場景中常見的居家掛飾。好友將曾用過
的暖簾木珠分享給包括我在內的五位流蘇
穗花愛好者,在我們手中再次成了漂亮的
珠飾。

原本的木珠早在歲月流逝中褪色,而經過
重新捲線製作出來的作品如今則掛在窗邊
隨風搖曳。大家不妨也來尋找暖簾,創作
出風格獨具的繞線珠吧!

暖簾的小木珠

外形獨特的羅漢松果實木珠

我熱愛植物,作品創作靈感也大多來自生
活周遭的季節植物。有一年秋天我走在步
道上,發現了結合紅色與綠色小顆粒,造
型非常奇特的羅漢松果實,不由驚呼「這
根本是神仙的玩具箱嘛!」

直至最近我委託漆藝家好友,幫我在木珠
上描繪羅漢松果實圖案,才終於實現了我
多年以來的夢想。它正是照片中的這款木
珠。我十分期待日後可以用它來做出什麼
樣式的流蘇穗花。

羅漢松果實

19

習慣對摺式製作技巧後最想挑戰的
經典款流蘇穗花

年輕的時候因緣際會接觸了遠從法國里昂
送來的一萬件古董珠飾，令我深深著迷，
從此展開了我的珠飾創作生涯。
裝飾維多利亞時代城堡的各式流蘇穗花，
揉合了最精湛的技術與精細作工，
這些流蘇穗花如今是求也求不來了。
而今我希望能夠用手邊拿得到的素材，
完成符合我們生活型態的流蘇穗花作品。
我試著為這四種流蘇穗花分別取了名字。

55

LYON STORY
〔里昂物語〕

古典風「里昂物語」的愛好者非常多,課程中使用的是嫘縈繡線,線材光滑不易掌握,即便是手很靈巧的人,還是需要花些時間才能熟悉運用。不過25號繡線為棉質,線材沒有那麼光滑,只要稍微熟悉一下應該就沒什麼大問題。請先製作最基本的對摺式流蘇穗花,完成P.22的「YOYO」,然後再來挑戰本單元介紹的「里昂物語」。建議不必太過執著於要有「多漂亮、多正確」,不妨可以懷著「超喜歡!超想做出來!」的心情投入製作。

最後修飾階段再以手撫順作品,暗暗念上一句「變得輕盈蓬鬆起來吧!」

How to make → 46・70 page

56

55

在垂穗部分加上了木珠,好讓做出來的成品能像維多利亞時代沿著床頂吊掛的流蘇穗花般,始終維持著漂亮形狀。在木珠表面也細心地纏上繡線,就能做出圖中這般漂亮的完成品。

21

〔YOYO〕

這是用繽紛色彩或同色系繡線做成，充滿色彩搭配樂趣的典雅配色流蘇穗花。完成8個最基本的對摺式流蘇穗花後，以彩色鐵絲彙整在一起，再將吊繩穿過繞線珠即可完成。作品名「YOYO」源自於家中總是乖巧陪伴在我身旁的黑貓，是在日文讀作YOYO的八月八日這天與我相遇。大家不妨也挑選喜歡的顏色，試著動手製作能像護身符般一直陪伴身旁的流蘇穗花，定能在製作與配戴之時都充滿愉悅心情。

How to make　57 → 43 page
　　　　　　　58～61 → 69 page

57

58

59

60

61

61

配合流蘇穗花的顏色在繞線珠上纏繞段染線，宛如繞上好幾種顏色的繡線，在視覺上更顯繽紛。
穿繞在最小木珠上的單色繡線，可以從段染線裡挑選，做出來的流蘇穗花成品也會更為漂亮。

62

　左為參考作品

〔JOLIS FRUITS〕

「JOLIS FRUITS」一詞在法語裡的意思是「可愛的果實」、「外形優雅的水果」。這是一款在繡線做成的絨球山丘上綴滿各式果實的甜美可愛流蘇穗花。考量到P.28的「櫻桃山丘」能以單一種木珠完成,因此推薦首次挑戰的新手從這款開始著手。等比較習慣繞線珠的作法,能夠纏繞各種形狀的珠子後,再來挑戰製作No.62與No.63這種,用不同顏色的繡線纏繞不同形狀木珠,造型簡單卻看起來更繽紛熱鬧的山丘吧!學會各種技巧後,就能夠像參考作品那樣,完成滿綴蘋果、表面有網紋的洋香瓜、藍莓、西瓜、楊梅、捲繞串珠的草莓樹果實等心儀水果造型繞線珠的絨球山丘。能夠體會繞線珠的製作樂趣後,再嘗試製作充滿個人特色的流蘇穗花吧!

How to make　62→44・75 page　63→72 page

63

62

在小巧可愛的水果繞線珠上頭分別鉤織鎖編線繩,再依序固定在圓環周圍,營造出充滿協調美感且繞線珠又能夠輕輕搖動的狀態,接著將圓環穿過固定在基座用絨球上的吊繩。也可只變換環狀部分來欣賞不同樣貌的流蘇穗花。

〔POMPON POLKA〕

初次完成這款流蘇穗花的時候，覺得它的模樣實在太可愛，宛如穿著民族衣裳踏著輕快舞步的波卡舞孃，因此取名為POLKA。由簡單到連小朋友都會製作的對摺式流蘇穗花構成而廣受喜愛。我最近找到了質地更為蓬鬆的繡線，因此收集了色彩繽紛的POLKA並穿上木珠，彙整成這款「POMPON POLKA」。成為一款非常適合輕鬆休閒打扮且樂趣無窮的流蘇穗花。

How to make → 42・72・73 page

64

只要將25號繡線並排，
分別剪開後纏綁在一起即可完成。
作法十分簡單。

26

Column...3

窗簾綁帶
TROYES POMPON

由於日本濕度高，導致窗簾綁帶不好使用較
為沉重的款式，但若是圖中這款流蘇穗花，
就能在邁入秋季，換上略為厚重的窗簾時派
上用場。利用鎖鍊繡將繡線編繩固定於雙面
羅紋織帶上，再於織帶中穿入粗鐵絲，以手
指彎曲鐵絲摺出花朵盛開般的漂亮形狀。花
朵下方綴上不同大小的繞線珠令整體更顯生
動。不妨配合窗簾或室內裝潢，以喜愛的粉
紅色、紅色、紫色、白色等各色緞帶與繡線
來製作窗簾綁帶吧！

最愛薊花

都市步道上越來越難見到我最喜愛的薊花。貌似因為空地越來越
少，而薊花的棘刺又很扎人，所以很快就會被視為雜草拔除。我雖
喜歡薊花的形狀，但更感動於種子隨風輕飄遠颺的場景，那甚至會
讓我冒出「好想一同飛翔！」的想法。這種富士薊是日本薊花種類
中花開得最大朵的品種，我懷
著希望有天能親眼目睹的想法
持續進行創作。

富士薊

欣賞季節更迭變化

以樹木花果、豐饒四季的恩典為造型主題,為日常生活更添繽紛色彩。

65

… 春物語 …

水果畫框壁飾

蘇格蘭的春天。小時候閱讀隨筆短文時,曾經讀到「蛇莓開花,春天就會降臨蘇格蘭」。我也很喜歡這種在草叢裡隨處可見的蛇莓。有鑑於都市裡不容易看見蛇莓,因此我會在上課時將蛇莓帶到課堂裡,讓大家一邊看著實品一邊完成作品。我也曾將只用櫻桃做成的JOLIS FRUITS裝裱成「櫻桃山丘」。掛到牆上時,彷彿隱約能聞到櫻桃的甘甜香氣。

How to make　蛇莓畫框壁飾→74·75 page
櫻桃 JOLIS FRUITS
→44·61 page

66

···夏物語···

楊梅造型飾品

夏季薰衣草飄香時，好友種在田地裡的楊梅樹結出了果實。我很喜歡吃楊梅，每年都殷殷期盼著楊梅成熟季節的到來。以25號繡線製作繞線珠後，全面塗抹上木工用白膠，接著再運用製作可樂餅的技巧將表面沾滿小珠子，就能製作出任誰都可順利完成的樹莓造型。甚至維妙維肖到見過這件作品的人，在看到好友田地裡真正的楊梅後都會驚呼：「哇！跟妳做出來的楊梅簡直一模一樣嘛!!」

How to make → **73** page

67

68

29

69

…秋物語…

橡實壁飾

秋天的步道上洋溢著無窮的樂趣。每當發現梧桐葉、楓香果，還有我最喜歡的橡實掉落在地時，我都會試圖去尋找並撿拾殼斗與果實相符的橡實。製作出顏色、形狀都酷似實物的橡實繞線珠後，再一顆顆地固定於細帶蕾絲上。可以直接掛在牆上或掛鉤上，或者縫在布邊當作櫥櫃裝飾，盡情地享受充滿秋意的好時光。

How to make → **70 · 71** page

… 秋物語 …

橡實頸鍊‧繽紛多彩的橡實

形狀可愛的橡實,只要變換一下繡線顏色就能進行各
種應用。色澤典雅的秋色橡實與流蘇穗花,加上具光
澤感的線繩,即完成外形亮眼時尚的頸鍊。繽紛多彩
的繞線珠橡實,單獨一個可做成耳環,多個串連在一
起可以做成胸針等飾品。加上線繩做成書衣的書籤線
或波奇包的拉鍊吊飾等也很實用。

How to make → **71** page

70

71

72

73

74

75

76

77

78

79

80

81

82

83

84

85

…冬 物 語…

聖誕節應景小物

從孩提時代起，每當冬天的腳步一近，最令
人期待的就是聖誕節的到來。今年我以繡線
完成了純手工製作的聖誕樹與裝飾。在綠色
繡線穿上許多金色與紅色的流蘇穗花，再由
上往下井然有序地捲繞在圓錐狀基座上就完
成了金色聖誕樹。在小的基座上頭捲繞金色
繡線並套上珠鍊，迷你聖誕樹也大功告成。

How to make　流蘇穗花&線繩→ **76** page
　　　　　　　金色聖誕樹→ **76** page
　　　　　　　迷你聖誕樹→ **77** page

…冬物語…

聖誕節應景裝飾

聖誕樹上的裝飾是以紅、綠、白這三大應景顏色製作而成的大顆繞線珠。作為主色調的紅色繞線珠，選用同色但不同種類的繡線製作而成，將聖誕樹妝點得層次更顯豐富。合併喜愛的繡線一個接一個捲繞的過程相當令人樂在其中。松果則是在其上增添紅色緞帶與繞線珠做裝飾，完成存在感十足又相當應景的聖誕裝飾。

How to make
松果→ **77** page
小裝飾→ **77 · 78** page

87

86

33

材料＆工具

製作流蘇穗花的素材

市面上有很多適合製作流蘇穗花的線材與搭配流蘇穗花使用的緞帶、木珠、木珠等素材。
其種類之繁多，令人從挑選素材開始就感到樂趣無窮。

適合製作流蘇穗花的線材

繡線、毛線、手毬線、剪成細長條的繩帶等，很多素材都能拿來製作成流蘇穗花。
相同的素材亦可用於製作吊繩。

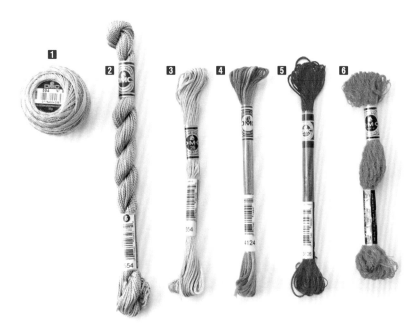

1　8號繡線
捲續成球狀，每球重10g，長45m的棉質繡線。

2　5號繡線
具光澤感且2線捻為1條的粗線。每束25m的棉質繡線。

3　25號繡線
6股細線為1條，可直接用於製作流蘇穗花或繞線珠。每束8m的棉質繡線。

4　25號段染繡線
完成的作品可呈現出揉合多種顏色的效果。每束8m的棉質繡線。

5　25號人造絲繡線
散發珍珠般光澤感的棉質繡線。每束8m。

6　25號金蔥繡線
6股為1條，捻入金蔥線。每束8m，棉與尼龍的合成纖維繡線。（Edward）

1～**6** 為 DMC 產品。

7　縫釦線
質地堅韌的粗線。用於繫綁用到多條繡線的流蘇穗花，或事先纏綁容易滑動的流蘇穗花頸部。

8　聚酯線

9　金蔥線

10　花式紗線

11　都手毬線
具光澤感，常用於製作手毬的聚酯線，也適合用於製作流蘇穗花。共78色，每捲30m。

12　捻入細金線的線繩。

13　捻入金線的線繩。

8～**10**・**12**・**13**為MOKUBA產品。**11**為FUJIX產品。

緞帶&蕾絲

緞帶種類也十分豐富多元。適合直接做成吊繩，或綁在流蘇穗花的頸部。
帶狀蕾絲則可直接繫綁作為裝飾。

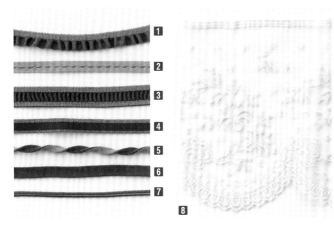

1 結合平織與褶狀羅紋織帶，作工精細的緞帶。

2 中央車縫虛線的緞面緞帶。

3・4 **3**與**1**配色相同，差別在外緣平直且中央抽細褶。**4**則為窄幅。

5 正反面雙色運用，呈螺旋狀態的彈性織繩。

6 5mm寬的絨布緞帶。

7 窄幅絨布緞帶。

8 寬幅蕾絲
其中一側為扇形的漂亮蕾絲。可抓褶做成流蘇穗花罩裙，或用於固定並排的流蘇穗花。

1～**8**為 MOKUBA 產品。

木珠 ・ 造型木珠 ・ 圓環

皆可捲繞繡線等線材，是製作流蘇穗花不可或缺的最佳拍檔。
有各種形狀和大小。

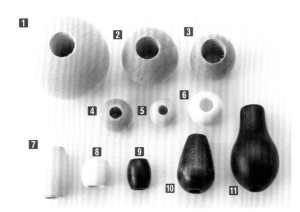

1～**3** 原色圓木珠
保有天然紋理而表面不會太光滑，容易捲線完成作品。
左起35mm、25mm、20mm。

4～**6** 尾珠
加在繩帶尾端或緞帶末端等。
左起：塗裝12mm、原木10mm、塑膠製15mm尾珠。

7～**11** 木珠
形狀通常都很可愛，穿繞繡線等素材後使用。
左起：棗形14mm、桶形12mm、棗形8mm、水滴形20mm、梨形35mm。

12・13 圓環
捲繞繡線等素材後做成吊環，或直接做成飾品。左起：塑膠製50mm，木製30mm。

水晶珠 ・ 金屬配件

希望稍微提高流蘇穗花的精美程度時使用，效果最卓著。

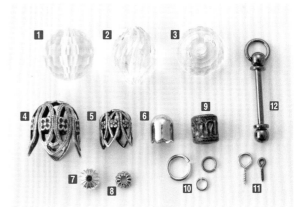

1～**3** 水晶珠
為切割珠，與具光澤感的流蘇穗花搭配性絕佳。
皆約12mm× 12mm。

4～**6** 金屬帽蓋
套蓋流蘇穗花頭部。左起：20mm、12mm、8mm。

7・8 隔珠
用來穿在繞線珠之間。左起：8 mm、6 mm。

9 塑膠製配件
穿入吊繩，用以裝飾流蘇穗花頂部。10 mm。

10 C圈
使用大尺寸 C 圈時，可撐開後穿入流蘇穗花。
左起：10 mm、2.3 mm、6 mm。

11 羊眼釘
可捻進木珠等方便穿上吊繩。左起：5 mm、3 mm。

12 琉璃珠墜扣
可拆掉下部，穿入繞線珠。35mm。

1～**11**為 MIYUKI 產品。

事先必備&若有會更方便的工具

雖然用剪刀、捲尺等手邊既有工具就可以，但若能備妥白膠、鐵絲、美工刀等工具，製作起來會更得心應手。

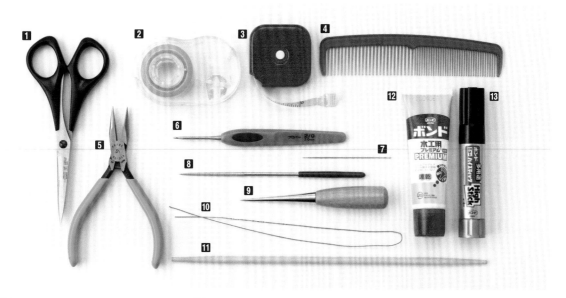

1 剪刀
剪斷線材。準備好一把刀刃部位較長的剪刀，在修剪流蘇穗花時可一次性修剪整齊。

2 透明膠帶
製作編繩時，用於固定線頭。遮蔽膠帶亦可。

3 捲尺
測量繡線、線繩、緞帶的長度。

4 扁梳
梳整流蘇穗花。

5 尖嘴鉗
用於修剪鐵絲或縫針不易拔出之時。

6 2/0號鉤針
用於鉤織鎖針完成繞線珠裝飾或線繩。

7 縫被針
長度大於一般縫針，用於製作繞線珠。

8 鐵製銼刀
棒狀銼刀。用於打磨木珠毛邊或擴大中心孔洞。

9 尖錐
擴大繞線珠的孔洞。

10 鐵絲
對摺後鉤住線繩或緞帶以便穿過木珠或造型木珠。

11 長筷
於木珠上塗膠後捲繞線材時，用來插入中央孔洞好方便作業進行。

12 木工用白膠
少量用於黏著重點部位或於木珠表面黏貼小珠子時使用。

13 口紅膠
較不易黏手，最適合於木珠捲繞繡線或線繩時使用。

繞線板&捻線器

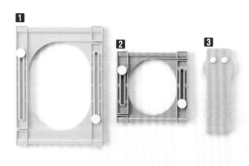

1 流蘇製作器（大）
2 流蘇製作器（小）
＊二者皆是上下滑動左右側旋鈕調節長度，〈大〉可製作6～10cm，〈小〉可製作3～5cm的流蘇穗花，上頭刻有以1cm為單位的刻度。使用厚紙板亦可製作（→P.39）。

3 手持捻線器
可將紗線輕鬆捻成線繩。

4 手動製繩器Ⅱ
可捻出具獨創性的線繩。

1～3為 CLOVER 產品。　　　4為 OLYMPUS 產品。

STEP-1 ··· 試著製作流蘇穗花吧！

對摺式流蘇穗花

以手指繞線或是使用厚紙板都能製作流蘇穗花，但使用專用器具繞線後繫綁一下就能完成，作法更簡單。
使用更好處理的5號繡線按步驟操作便能做好。稍微費點工夫就能做出漂亮的流蘇穗花。
接著再以相同繡線製作懸掛流蘇穗花的吊繩，將長80cm的繡線對摺，完成35cm的吊繩（→P.39）。

材料

線···DMC5號繡線

　　薰衣草紫（554）1束

作法

1 將流蘇製作器〈小〉設定為5cm後開始繞線。繞線時不與製作器垂直而是斜斜地繞上10次。

2 繞好的線往左側推移，接著往右側斜斜繞線。斜向繞線能讓繞好的繡線更容易調整位置，垂穗末端在展開時也會更平均。

3 繞線10次後，移往左側。

4 合計繞線30次後，移到流蘇製作器的中央。

打結

5 對摺線繩，形成8cm的線圈後打結。線圈放到繞好的繡線下方再確實綁緊，以棉花棒沾水塗抹打結處避免鬆開，然後再打結一次。

6 將流蘇製作器翻向背面，清楚地看到吊繩確實打結綁緊的狀態。

7 將剪刀的刀尖插入流蘇製作器上下邊的凹槽，依序剪斷繡線。

8 吊繩的線結也修剪後，藏入流蘇穗花的線束中。

9 將構成流蘇穗花的繡線對摺，調整形狀。

線頭

10 製作流蘇穗花的頭部。以拇指壓住繡線，中指掛線，形成線圈。

11 一手捏住線圈部分，一手緊緊地繞線1次後，接著在下方繞線4次。

12 繞好後，將線尾側繡線穿過線圈。

13 拉動纏繞起點的線頭，收緊線圈。

14 以牙籤沾取少量白膠，塗抹在收緊線圈的部分，再稍微拉緊繡線直到看不出線圈。

15 線頭側繡線穿上縫針後，穿入線束中；線尾側繡線也直接藏入線束中。

16 準備邊長5cm的正方形紙片，將大致完成的流蘇穗花擺在紙片上。

17 以紙片包覆流蘇穗花，捲成筒狀。

18 整齊地修剪掉超出紙片的繡線。

19 完成流蘇穗花。

★以蠶絲、人造絲、聚酯等表面光滑的線材纏繞流蘇穗花頸部時，要先以縫釦線確實綁緊，再纏繞裝飾用線。

★小飾品等物的流蘇穗花在配戴使用後變得凌亂時，可接觸蒸氣熨斗或水壺口噴出的蒸氣，再以梳子梳整或直接吊掛起來，就會恢復原來形狀。棉質、毛線等材質的流蘇穗花容易復原，但若是合成纖維或化學纖維材質，請先以剩餘線材確認是否可行後再做處理吧！

製作流蘇穗花必須用到的吊繩＆繞線板吧！

以捻線器製作吊繩 1

線…
5號繡線

用具…
手動捻線器

1 繡線掛在手動捻線器上側的掛線處，將2條線的另一側線頭打結，再以手指繃緊繡線。2條線的線長為必要長度的2倍＋10％～20％。

2 一手持線頭，一手轉動齒輪，進行捻線。

3 完成捻線動作後，捏緊線頭並放開手動捻線器，讓2條線自然地捲繞成線繩。自捻線器上取下線繩後將線頭處打結。

以手捻線製作吊繩

線…
5號繡線

用具…
透明膠帶或遮蔽膠帶
長筷

1 裁剪繡線，線長為必要長度的4倍＋30％。對摺繡線並將長筷穿過摺雙處，再利用膠帶將線頭固定於檯面上，轉動長筷開始捻線。

2 捻線至繡線快要結成團狀時，停止轉動長筷。

3 完成捻線動作後，將線對摺。

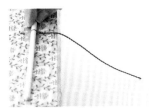

4 鬆手放線，2條線自然捲繞成線繩。

5 抽出長筷，將線繩兩端打結。

以捻線器製作吊繩 2

線…
5號繡線

用具…
手動捻線器（STRING II）
竹籤

1 取3條繡線，對摺後分別鉤在手動捻線器（STRING II）的掛鉤上，再將線頭綁在竹籤上。3條繡線長約必要長度的1.5倍。

2 繃緊繡線，轉動捻線器把手。

3 捻線完成線繩後，抽出捻線器與竹籤，將兩端打結。

以厚紙板製作
手作流蘇穗花繞線板

用具…
厚紙板
美工刀

配合想製作的流蘇穗花長度在厚紙板上畫線，以美工刀裁切。縱向、橫向皆可使用，但在還不熟悉作法的時候選擇橫向會較容易製作。根據想製作的流蘇穗花長度，縱向加長約2cm。

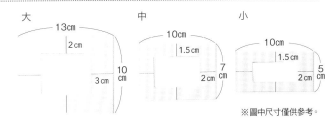

※圖中尺寸僅供參考。

洋蔥形流蘇穗花 作品→ 15 page

以手指繞線製作出形狀可愛的對摺式流蘇穗花。
製作2個可做成耳環，多做一些加在披肩邊緣也很別緻。

材料

線···Puppy New 2PLY（極細類型羊毛線）
薰衣草紫（241）1球

作法

1 以3根手指掛線，開始繞線。

2 繞線時要讓線圈平均分布在手指上，共繞線55次。

3 取下手指上的線圈，以同款繡線捲繞中央2～3次後打結，翻向另一側，再次牢牢地打個結。

4 拉整兩端調整形狀。

5 打結處朝上，對摺線束。

6 在線束長度1/2處纏繞繡線以形成頸部。於纏繞的線頭側預留線圈，連同線圈基部一起捲繞。

7 捲完以後，將末尾的線頭穿入捲繞起點預留的線圈，再拉緊兩端的線頭收緊。

8 剪開垂穗部分的摺雙處。

9 完成。高3cm。

繞線珠

用穿上繡線的縫被針或刺繡針在木珠上穿繞，完成繞線珠。
作法比看上去還要簡單不少，初學時先穿繞單色，等熟悉作法以後再來挑戰多色繞線珠吧！

材料

線⋯DMC5號繡線
　　　薰衣草紫（554）、薄荷綠（368）各1束
附屬品⋯Marchen Art木珠25mm1顆
其他⋯縫被針

單色繞線珠作法

1 縫被針穿上繡線，穿過木珠的孔洞。

2 用手指壓住線頭，手持縫被針在木珠中穿繞2次。縫被針穿入孔洞時，要在孔中渡線再穿出木珠。

3 第3次要繞在第1次與第2次繞的線之間。需確實將線纏緊以避免繞好的線鬆開。

4 繞上幾次後，要跨回到上一條線，在前兩條線之間繞線。一邊繞線一邊以手指調整繡線排列。

5 繞到一半發現繡線快不夠長時，在孔內進行幾次渡線後，穿向木珠底部邊緣再剪斷繡線。

6 加入新線時要在木珠孔內渡線，並且將線頭也穿入孔內繡線之中。

7 開始穿繞新線時，也要跨回到上一條線，在前兩條線之間繞線。

第1次
第2次

8 繞完的時候，要將線穿繞到最剛開始繞的第1次與第2次之間，在孔內渡線後再穿向木珠底部邊緣，剪斷繡線。

雙色繞線珠作法

1 依配色構成的條紋組數，在木珠上頭做記號。

2 以第1種顏色的繡線按記號繞線（圖中木珠繞線8次）。一個部分繞完以後不剪線，由孔內穿出縫被針後，繼續依序穿繞完6處。

3 取第2種顏色的繡線繞完剩餘空間。

4 完成雙色繞線珠。

STEP-4 … 將繞線珠&作法簡單的流蘇穗花垂穗組合在一起

POLKA　作品→ 26 page

宛如舞伶開心舞動下裙襬飛揚的流蘇穗花。

材料

線…DMC繡線

　　25號薰衣草紫（554）、Edward Lavender（C900）各1束

附屬品…18mm尾珠1顆；縫釦線

其他…2/0號鉤針

製作頭部

1 尾珠穿繞25繡線，完成繞線珠（→P.41），接著穿過線頭打結的同款繡線。

2 在上側留下一個線圈，確認線圈可拉大縮小之後，將縫被針由下往上出針。

3 收緊線圈，將鉤針穿入縮小的線圈。

4 鉤織鎖針3至5針。

製作垂穗

5 以鉤針鉤出繡線後剪線。

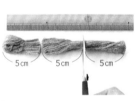

6 在整束Edward繡線上剪2刀，裁成三段。

7 將步驟6剪斷的線束疊在一起，以縫釦線繫綁中央，綁緊後剪開繡線摺雙處。

8 對摺線束，以同款繡線緊緊繫綁線束摺雙處下方約1cm處。將線頭藏入線束中，完成垂穗。

9 將白膠擠入繞線珠底部的孔洞。

10 利用尖錐，將垂穗上側壓入繞線珠的孔洞。

11 白膠乾燥後即完成「POLKA」。高約3.5cm。

STEP-5 ··· 用8個對摺式流蘇穗花加上繞線珠製作而成

YOYO 作品→22·23 page

由條紋模樣的繞線珠，與對摺式流蘇穗花法朗多舞裙組合而成的流蘇穗花。
用來製作8種顏色流蘇穗花的繡線，要分別預留3條30cm繡線，
2條用於製作吊繩，1條用於纏繞頸部。

材料

線···DMC 25號繡線·垂穗用蘋果綠（472）、淺紫色（210）、煙燻藍（341）、
勿忘草藍（800）、薰衣草紫（554）、乳白色（677）、灰黃色（3822）、
米黃色（842）各1束；繞線珠用米灰色（452）、煙燻藍（341）、淺茶色（841）、
DMC Coloris（4523）各1束

附屬品···Marchen Art木珠12mm、25mm各1顆；高21mm水滴形木珠；
寬6mm緞帶（MOKUBA·No.4675-33）45cm；彩色鐵絲；縫釦線

作法

1 各色繡線分別繞線23次，製作8個對摺式流蘇穗花（吊繩則是做出7cm線圈後打結）（→P.37）。

2 以長30cm的同色線捲繞4次形成頸部後，用5.5cm正方形紙片捲成筒狀修剪整齊，排成一排穿上彩色鐵絲。

3 對摺緞帶後，對齊併攏兩端，利用縫釦線在1.5cm處進行平針縫。

4 併攏彩色鐵絲穿過緞帶的平針縫處，接著再纏上一圈。

5 讓流蘇穗花頭部位於相同高度，一邊調整一邊拉擰緊彩色鐵絲後，剪斷鐵絲。

6 縫釦線穿針捲繞緞帶與流蘇穗花的吊繩後，穿入其中確實縫緊固定。

7 水滴形木珠表面做好六等分記號後，穿繞主色淺茶色（841）並避免擋住記號，接著穿繞煙燻藍（341）。

8 六等分之間的部分，分別穿繞兩次煙燻藍（341）。

9 小木珠穿繞米灰色（452），大木珠穿繞DMC Coloris（4523）繡線。

10 垂穗部分的緞帶穿入鐵絲的摺雙處，接著依序穿入繞線珠。

11 完成「YOYO」。繞線珠至流蘇穗花的長度約12cm。

JOLIS FRUITS 作品→24·25·28 page

將蓬鬆柔軟的絨球、吊掛著果實的圓環、繞線珠這3個配件組合在一起。
水果造型繞線珠的數量或種類越多，完成的作品就越顯繽紛華麗。

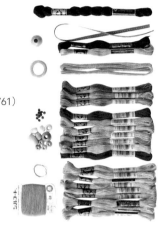

材料

線…DMC 5號繡線·吊繩用深綠色（934）1束；25號繡線·上側繞線珠用深綠色（934）、
　　金黃色（834）各1束；絨球用金黃色（834）4束、薄荷綠（966）、灰綠色（3817）各3束；
　　水果造型與鎖編線繩用鮮紅色（304）、嫩草色（471）、蘋果綠（472）、橘紅色（722）、粉橘色（761）
　　開心果綠（3053）、葉綠色（3346）、萵苣綠（3348）、芥末黃（3820）、草莓紅（3831）各1束
★以深綠色（長240cm摺成四褶 ×3條）繡線製成吊繩（→P.39）後，於末端處打結。
附屬品…上側繞線珠用20mm尾珠1顆；寬5mm藍色虛線緞帶（MOKUBA·No.4671-10）25cm；
　　　　直徑30mm木環1個；寬4mm芥末黃繩帶（MOKUBA·DM0060-834）75cm；
　　　　水果造型用10～18mm木珠&蘋果·棗子·茱萸等木珠共10個；
　　　　4mm月牙形石榴石串珠10顆；縫釦線

製作絨球（基座）

1 剪開整束絨球用繡線其中一端的摺雙處，再剪2處，裁成三段。

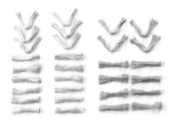

2 薄荷綠（966）、灰綠色（3817）各3束，金黃色（834）4束，分別剪好。

3 中央擺放長線束，薄荷綠色（966）與灰綠色（3817）稍微互換摻混，就能加深絨球顏色的層次感。線束不疊放，以縫釦線確實綁緊。

4 將黃色繡線疊在綠色繡線上，取2條長100cm的縫釦線，緊緊地繫綁後不剪線。

穿過這裡

5 將吊繩擺到上面，使其繩結下方3cm處位於基座正中央，接著以步驟4預留的縫釦線牢牢固定基座與吊繩。

6 吊繩摺雙部分穿過吊繩打結處與中心之間（步驟5箭頭指示位置）往上拉，將絨球修剪成半球狀。

圓環捲繞線繩

7 以指尖撥鬆絨球的絨毛，調整形狀。

8 捲繞起點處塗抹白膠，將線繩捲繞到木環上。

9 整個木環都捲上線繩後，於捲繞終點處塗抹白膠，將線繩尾端固定於背面側。

製作水果繞線珠

10 以木珠製作水果造型繞線珠(→P.41)。縫被針穿上繡線後,依右圖示上下穿繞,穿至下側時穿入1顆串珠,穿回上側後鉤織葉子與葉柄。

[鎖編線繩鉤織方法]

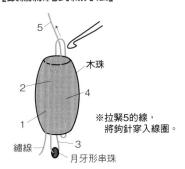

※拉緊5的線,將鉤針穿入線圈。

木珠
繡線
月牙形串珠

11 鉤織鎖針15針,鉤織終點以鉤針引拔後,將線穿回縫被針,在木珠孔洞中上下穿繞。

12 縫被針穿入鎖編線繩中央的針目,形成雙葉形狀後,再次由下往上來回穿繞,完成1針鎖針。

13 換拿鉤針,鉤織5針鎖針後引拔繡線,預留15cm當作縫線後剪線。以木珠或木珠完成色彩繽紛的水果。

14 一邊確認配色與形狀的搭配,一邊將水果挑縫固定到圓環的背面或側面。

製作繞線珠

15 圓環上綴滿了水果造型繞線珠。也可多準備一些水果造型,重疊綴縫,完成結實累累更賞心悅目的作品。

16 以木珠製作配色繞線珠(→P.41)。將緞帶捲繞成十字型。

17 捲繞緞帶時,以打結的縫線將捲繞起點的緞帶末端縫入孔洞之中,捲繞終點亦同樣將緞帶末端縫入孔洞。

18 穿繞緞帶的繞線珠完成囉!

19 對摺鐵絲鉤住絨球的吊繩,依序穿入圓環與繞線珠。

20 完成「JOLIS FRUITS」。

里昂物語 作品→20・21 page

組合中心的木珠、吊繩、內側蓬裙、外側罩裙、
裝飾繩(裝飾用。隱藏裙與木珠的銜接處),共五個部分。
建議使用棉質線材。

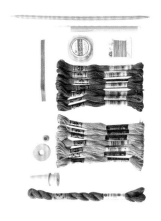

材料

線…DMC 25繡線・藤紫色(553)、薰衣草紫(554)各7束
　　5號繡線・藤紫色(553)1束
附屬品…Marchen Art木珠12mm 1顆
　　　　木珠・樹形(高50mm・最大直徑25mm)、甜甜圈形(直徑30mm)各1個
　　　　寬7mm羅紋緞帶11cm;彩色鐵絲;縫釦線
其他…12號棒針;長筷;記號筆;錐子

製作中心木珠

1 於木珠上側塗抹白膠後,捲繞5號繡線。線頭藏入孔洞中。

2 捲繞側邊時,可用長筷插入木珠孔洞以便進行作業,遇到木珠較大等情況可再以遮蔽膠帶黏貼固定。

3 一邊少量多次塗抹白膠,一邊捲繞繡線至底部。

製作吊繩

4 25號繡線薰衣草紫(554)穿針後,仔細地穿繞甜甜圈形木珠。

5 取25號繡線藤紫色(553)3條90cm×2製作出吊繩(→P.39),兩端合攏預留6~7cm打結兩次後,穿入甜甜圈木珠。

6 拉動吊繩,往甜甜圈形木珠的孔洞裡注入白膠,接著再以尖錐將吊繩打結處與線頭押進洞裡。

7 雖然完成以後會藏在內側看不見,但還是將線結與線頭完全壓入孔洞中填平。

製作內側蓬裙

8 將流蘇製作器〈大〉設定為6cm,合併兩種顏色的25號繡線,繞線70次後,將步驟7的甜甜圈形木珠,埋入捲繞在製作器上的繡線之中。

9 埋入後,以縫釦線緊緊繫綁繡線中心下方1cm處。

10 將剪刀的刀尖插入製作器上下邊的凹槽,剪斷繡線後取下,完成內側蓬裙用流蘇穗花。

11 呈放射狀攤開流蘇穗花,讓甜甜圈形木珠位於正中央。

12 以梳子梳整流蘇穗花。

製作外側罩裙

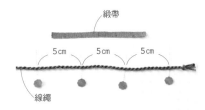

緞帶

5cm　5cm　5cm

線繩

13 取25號繡線藤紫色（553）3條90cm×2做出線繩（→P.39）後，間隔5cm插上珠針。緞帶則間隔2cm以水消筆做記號。

2cm　2cm　塗膠份1.5cm

14 取3條5號繡線穿針後，將線繩做出的線圈縫到緞帶上面，每2cm的緞帶縫上3個線圈，每個線圈5cm。

15 緞帶共縫上12個線圈。

16 將流蘇製作器〈小〉設定為4cm，分別捲繞25號繡線藤紫色（553）、薰衣草紫（554）30次。繞好以後，用線暫時綁住製作器上下兩邊的繡線，接著從中間下刀剪斷。兩種顏色各做6個。

17 每個線圈分別穿入1個暫時綁住的流蘇穗花。

18 分別纏繞另一色繡線6次形成頸部後，拆掉暫時綁住的線。

製作裝飾繩

19 兩種顏色的流蘇穗花交互固定於緞帶的線圈上。垂穗處分別以邊長4cm紙片捲起後修剪整齊。

20 長80cm的彩色鐵絲對摺後，在距離彎摺處1.5cm的地方扭轉鐵絲兩次形成線圈，接著將棒針的針尖穿入線圈。各取5條長90cm的25號繡線藤紫色（553）與薰衣草色（554）繡線，彙整成束後以彩色鐵絲夾住。

21 繡線整束繞向棒針的外側，撐緊往棒針上側延伸的前後側鐵絲，將繡線固定於棒針上。

22 換拉棒針下方的鐵絲，再次將繡線固定於棒針上。

23 重複步驟21、22，將繡線捲繞在棒針上。

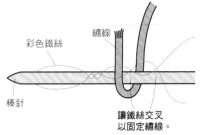

彩色鐵絲

繡線

棒針

讓鐵絲交叉以固定繡線。

24 依序捲繞至線末。

25 確實扭緊鐵絲進行固定，以避免線頭鬆開，接著再抽出棒針。

將外側罩裙固定於中央的木珠上

26 於木珠孔洞中插入長筷，在木珠底部側面塗抹白膠。

27 外側罩裙的緞帶仔細黏貼到塗抹白膠的地方，重疊黏貼緞帶預留的塗膠份。

28 木珠下側的凹槽處塗抹白膠，捲繞至完全看不出裝飾繩的鐵絲。

29 裝飾繩捲繞木珠一圈。

30 再次捲繞一圈，第二圈也捲繞在凹槽處。細部以尖錐壓入以免脫落。

31 中央木珠固定外側罩裙後的樣貌。

組裝各部位

32 鐵絲穿過蓬裙的吊繩，依序穿入步驟31與另外以薰衣草紫（554）繡線製作的繞線珠（→P.41）。

33 將外側罩裙與內側蓬裙修剪成相同長度。

34 完成「里昂物語」。繞線珠至外側罩裙的長度約12㎝。

對摺式流蘇穗花

材料&作法

1・2-基本款流蘇穗花

線／DMC 25號繡線・**1**為洋李紫紅（3834）、
2為灰藍色（793）各1束

★流蘇穗花繞線板尺寸13㎝×繞線25次。
取2條繡線進行捻線完成吊繩。

3-流蘇穗花變化組合

線／DMC繡線Edward・Persimmon（C740）1束；
人造絲繡線・焦茶色（S898）、5號繡線・橘色
段染線（90）各少許

附屬品／寬2㎜茶色繩帶（MOKUBA・
No.0846-14）20㎝；8mm金屬配件1個

★取整束Edward繡線，直接將吊繩穿入其中一
個摺雙處並於摺雙處內側打結，接著纏繞人造絲
繡線4次形成頸部後綁緊，將流蘇穗花剪成3.5㎝
長並修剪整齊。吊繩穿入金屬配件，以橘色段染
線（90）打蝴蝶結裝飾頸部。

4-流蘇穗花變化組合

線／DMC人造絲繡線・筍黃色（S745）1束
附屬品／白×金蔥線（MOKUBA・No.0957-
12）16㎝；10mm鑲鑽隔珠1顆

★吊繩對摺形成13㎝線圈後打結。剪下繫綁頸部
用的人造絲繡線50㎝。將吊繩綁在距離整束人造
絲繡線邊緣4㎝處後，對摺人造絲繡線並將打結
處藏入內側。以縫釦線繫綁形成頸部，接著在上
面捲繞人造絲繡線後，將流蘇穗花剪成3㎝長並
修剪整齊。吊繩穿過鑲鑽隔珠的孔洞後，在隔珠
上面打一個結。

5-流蘇穗花變化組合

線／MOKUBA・寬3㎜刺繡緞帶-橘色（No.
1545-15）3m
附屬品／寬3㎜緞面緞帶-茶色（MOKUBA・
No.1100-49）40㎝；8mm金屬配件1個；縫釦線

★以三根手指捲繞刺繡緞帶20次，穿入緞面緞帶
後打結，將打結處藏入線圈內側。以縫釦線纏繞
形成頸部，在上面捲繞緞面緞帶後以白膠固定，
將流蘇穗花剪成4.5㎝並修剪整齊。緞面緞帶穿入
金屬配件。

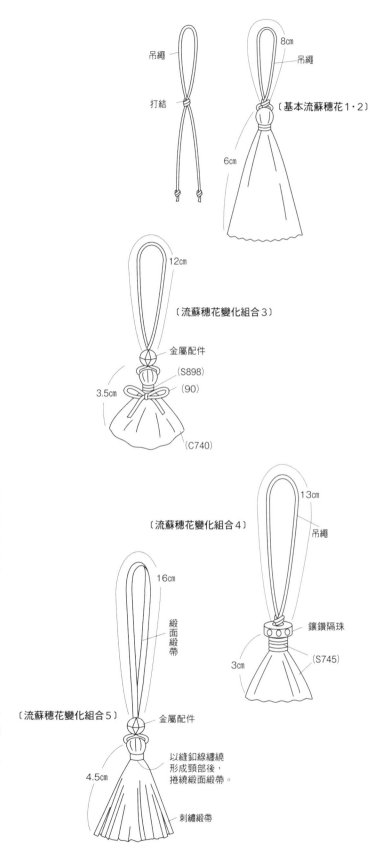

吊繩
打結
8㎝
吊繩
〔基本流蘇穗花1・2〕
6㎝

12㎝
〔流蘇穗花變化組合3〕
金屬配件
（S898）
（90）
3.5㎝
（C740）

13㎝
〔流蘇穗花變化組合4〕
吊繩
鑲鑽隔珠
（S745）
3㎝

16㎝
緞面緞帶
〔流蘇穗花變化組合5〕
金屬配件
以縫釦線纏繞
形成頸部後，
捲繞緞面緞帶。
4.5㎝
刺繡緞帶

對摺式流蘇穗花

材料&作法

6-流蘇穗花變化組合

線／MOKUBA・白×金蔥花式紗線（No.0957-12）
2.5m
附屬品／縫釦線

★剪下作為吊繩用與繫綁頸部用的線段50cm，再從中剪出吊繩用的25cm，打結形成16cm線圈。剩下的線以3根手指纏繞20次，穿入吊繩後打結，將打結處藏入線圈內側。以縫釦線繫綁形成頸部，再用預留的線段打上蝴蝶結。整齊修剪成5cm。

7-流蘇穗花變化組合

線／DMC人造絲繡線・嫩葉色（S471）1束、藻綠色（S469）少許
附屬品／5mm算珠形串珠（施華洛世奇）8顆；縫釦線；蠶絲線

★請參照P.37〜P.39，取嫩葉色（S471）與藻綠色（S469）繡線各4cm進行捻線完成吊繩。人造絲繡線易滑動，要以縫釦線緊緊繫綁形成頸部，再以蠶絲線穿上串珠捲繞裝飾。

8-流蘇穗花變化組合

線／MOKUBA・寬1mm粉紅色繩帶（No.F002-91）2.5m
附屬品／粉紅色迷你玫瑰花（MOKUBA・No.9307-31）1朵；縫釦線

★參考No.6作法。

9-流蘇穗花變化組合

線／DMC人造絲繡線・丁香紫（S211）1/2束
附屬品／6mm丁香紫串珠（施華洛世奇）1顆；縫釦線

★以人造絲繡線進行捻線完成吊繩。將流蘇製作器〈小〉設定為3cm並繞線8次，捲繞2次吊繩後，在正中央打結。剪開製作器上下邊的繡線，藏住吊繩打結處，接著以縫釦線繫綁形成頸部，再纏繞人造絲繡線3次。將吊繩穿上串珠。

10-流蘇穗花變化組合

線／DMC人造絲繡線・櫻花粉紅（S3326）1/2束
附屬品／寬2mm米黃色繩帶（MOKUBA・No.0846-15）20cm；寬4mm米黃色彈性緞帶（MOKUBA・No.4668-29）15cm；6mm金屬配件1個；縫釦線

★請參照No.4作法。

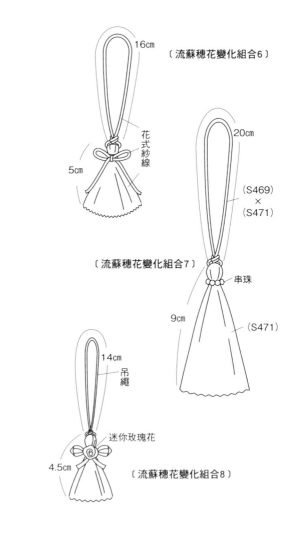

〔流蘇穗花變化組合6〕

16cm

花式紗線

5cm

〔流蘇穗花變化組合7〕

20cm

（S469）×（S471）

串珠

9cm

（S471）

〔流蘇穗花變化組合8〕

14cm

吊繩

迷你玫瑰花

4.5cm

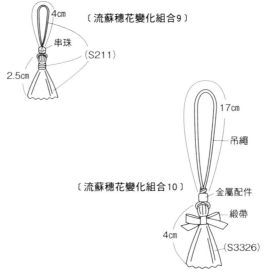

〔流蘇穗花變化組合9〕

4cm

串珠

（S211）

2.5cm

〔流蘇穗花變化組合10〕

17cm

吊繩

金屬配件

緞帶

4cm

（S3326）

對摺式流蘇穗花

材料&作法

11-流蘇穗花變化組合

線／MOKUBA・寬2㎜金色繩帶（No.9816-1）12m

附屬品／附寬25㎜方形環的金屬掛鈎1個

★流蘇穗花繞線板尺寸24cm×繞線24次。
對摺繩帶，穿上方形環，繫綁形成頸部。

12-流蘇穗花變化組合

線／MOKUBA・花式紗線-橘色系（No.F008-3）、粉
紅色系（No.F008-4）各40m

附屬品／25㎜水晶珠1顆；寬5㎜虛線緞帶（MOKUBA・
No.4671-9）35cm

★流蘇穗花繞線板尺寸28cm×2色取2條線繞線70次。
對摺緞帶作為吊繩，完成流蘇穗花後穿上水晶珠。

13-流蘇穗花變化組合

線／MOKUBA・花式紗線-淺橘色（No.0957-64）、
原色（No.0957-12）各3m

附屬品／寬6㎜彈性織帶（MOKUBA・No.4670-11）
50cm

★流蘇穗花繞線板尺寸23cm×取2條線繞線6次。以彈性
織帶為吊繩，頸部以彈性織帶打一個蝴蝶結。

14-流蘇穗花變化組合

線／MOKUBA・寬5㎜深藍色（No.1509-46）、寬2㎜
藏青色（No.1509-26）仿麂皮繩帶各13m

附屬品／寬6㎜水晶切割、算珠切割串珠（施華洛世
奇）各5個

★流蘇穗花繞線板尺寸26cm×取2條捲繞25次。
5㎜與2㎜仿麂皮繩帶塗抹白膠進行貼合完成吊繩。頸部
先捲繞藏青色仿麂皮繩帶，再以蠶絲線穿上串珠捲繞裝
飾。

15-流蘇穗花變化組合

線／MOKUBA・花式紗線-藍色系（F008-5）、綠色系
（F008-2）各1捲

附屬品／寬9㎜彈性織帶（4678-7）40cm、寬5㎜虛線緞
帶（4671-10）45cm（皆為MOKUBA產品）

★流蘇穗花繞線板尺寸26cm×2色各1捲全部捲繞。於流
蘇穗花彎摺處穿入彈性織帶，頸部以彈性織帶打一個蝴蝶
結。

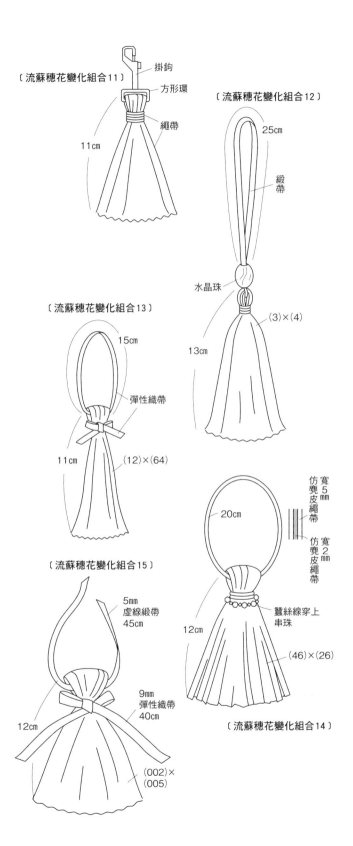

〔流蘇穗花變化組合11〕

掛鈎
方形環
繩帶
11cm

〔流蘇穗花變化組合12〕

25cm
緞帶
水晶珠
(3)×(4)
13cm

〔流蘇穗花變化組合13〕

15cm
彈性織帶
11cm
(12)×(64)

20cm
寬5㎜仿麂皮繩帶
寬2㎜仿麂皮繩帶
12cm
蠶絲線穿上串珠
(46)×(26)

〔流蘇穗花變化組合14〕

〔流蘇穗花變化組合15〕

5mm虛線緞帶45cm
9mm彈性織帶40cm
12cm
(002)×(005)

針具布書

16-藍色針具布書
材料
線／DMC 25號繡線‧繞線珠用蘋果綠(472)、薄荷綠(3811)、櫻花色(963)、鎖編線繩用紫灰色(3042)各1束；中央固定用線-露草藍(799)少許

附屬品／12mm木珠3顆；4mm月牙形串珠3顆；表布用棉質印花布20cm×15cm；表布用棉質印花布18cm×15cm；裡布用棉質圓點印花布15cm；不織布15cm×10cm

其他／厚紙板(厚約1mm)7cm×10cm 2張；畫紙6cm×9.4cm 2張；2/0號鉤針

17-粉紅色針具布書
材料
線／DMC人造絲繡線‧繞線珠用紫紅色(S602)1束；鎖編線繩&中央固定用25號繡線‧紫灰色(3042)少許；MOKUBA‧寬3mm粉紅色系緞帶(No.1542-6)少許

附屬品／木珠18mm、12mm各1顆；Macrame串珠8mm 1顆；月牙形串珠4mm 1顆

★表裡布、厚紙板、畫紙、不織布等皆與藍色針具布書相同。

作法
❶依圖示記載尺寸，準備表布、裡布、厚紙板、畫紙、不織布。

❷以表布包覆厚紙板、裡布包覆畫紙後，塗抹白膠黏貼固定。

❸重疊裡布與不織布，取6股繡線縫住中央。

❹製作連帶鎖編線繩的繞線珠(→P.41‧P.42)。

❺將鎖編線繩尾端夾在表布與裡布之間，以白膠黏貼固定，完成書本的形狀。

●16‧17共通 尺寸圖

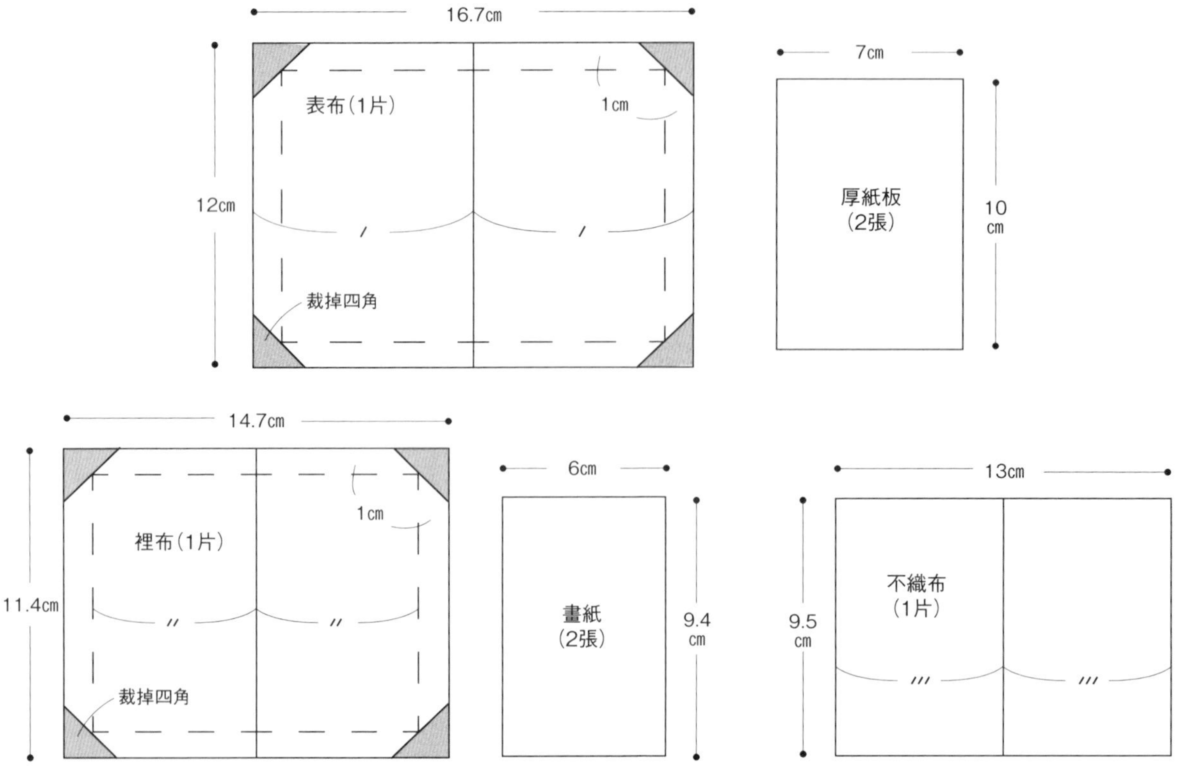

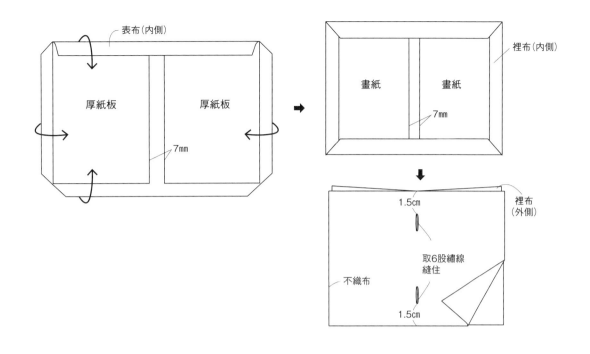

表布（內側）

厚紙板　　　厚紙板

7mm

裡布（內側）

畫紙　　　畫紙

7mm

1.5cm

裡布
（外側）

不織布

取6股繡線
縫住

1.5cm

〔藍色針具布書〕

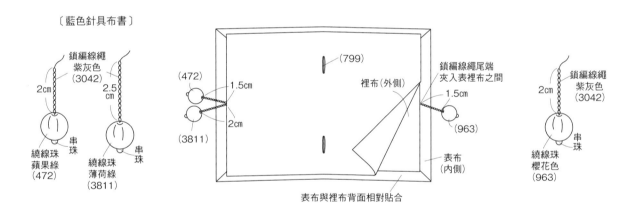

鎖編線繩
紫灰色
（3042）

2cm

2.5cm

繞線珠
蘋果綠
（472）

串珠

繞線珠
薄荷綠
（3811）

串珠

（472）

1.5cm

（799）

2cm

（3811）

鎖編線繩尾端
夾入表裡布之間

1.5cm

裡布（外側）

（963）

表布
（內側）

表布與裡布背面相對貼合

鎖編線繩
紫灰色
（3042）

2cm

串珠

繞線珠
櫻花色
（963）

〔粉紅色針具布書〕

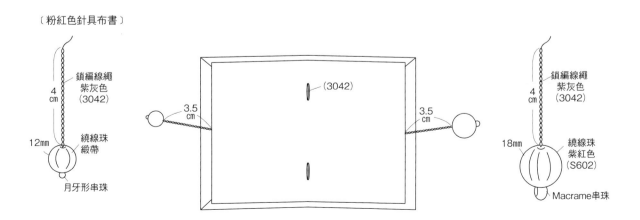

鎖編線繩
紫灰色
（3042）

4cm

繞線珠
緞帶

12mm

月牙形串珠

3.5cm

（3042）

3.5cm

鎖編線繩
紫灰色
（3042）

4cm

18mm

繞線珠
紫紅色
（S602）

Macrame串珠

縫紉工具組

18-裝飾剪刀的流蘇穗花
材料&作法

以DMC人造絲繡線・草莓紅（S351）完成6cm對摺式流蘇穗花（→P.37）加上2條繡線進行捻線完成的吊繩（→P.39）

吊繩
8cm
6cm

19-針插
材料

線／DMC 25號繡線・刺繡用寶石紅（816）、紅色（349）各少許；繞線珠用綠色系彩色繡線（4066）、帽子與莖部刺繡用柿橘色（3853）各少許
附屬品／DMC刺繡用亞麻布（1cm×11針）10cm正方形；寬5mm絨球織帶10cm；核桃殼（剖成半）；填充用棉花；18mm棗形木珠1個
其他／2/0號鉤針

作法
❶ 在表布用亞麻布上進行刺繡（→P.79）後裁剪成圓形。

❷ 核桃殼邊緣塗抹白膠，黏貼絨球織帶後，單側依圖示縫上繞線珠（→P.41）。

❸ 在圓形亞麻布外圍縫上一圈平針縫再拉緊縫線，塞入棉花調整成針插狀，接著填覆到核桃殼上方，以白膠緊密黏貼。

〔針插〕

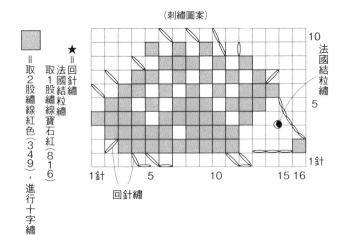

（刺繡圖案）

■
＝
取2股繡線紅色（349），進行十字繡。

★
＝
取1股繡線寶石紅（816）
法國結粒繡

回針繡
法國結粒繡
10
5
1針
1針　5　10　15 16

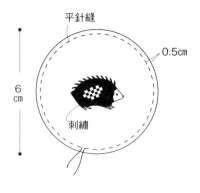

平針縫
0.5cm
6cm
刺繡

帽子（鉤織短針）

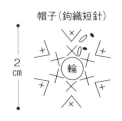

2cm
輪

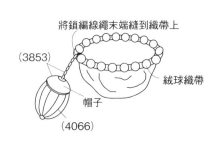

將鎖編線繩末端縫到織帶上
（3853）
絨球織帶
帽子
（4066）

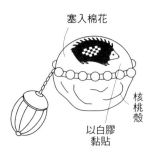

塞入棉花
核桃殼
以白膠黏貼

20-捲尺套
材料
線／DMC人造絲繡線‧流蘇穗花用深紅色(S321)1束；25號繡線‧刺繡用紅色(349)、寶石紅(816)各少許
附屬品／DMC刺繡用亞麻布(1cm×11針)10cm正方形；裡布用棉質印花布10cm正方形；寬1cm絨球織帶15cm、鋪棉、D形環1個；直徑5cm盒裝捲尺
其他／雙面膠帶

作法
❶在作為表布用的亞麻布上進行刺繡（→P.79）後，裁剪成圓形。裡布用棉質印花布也裁剪成相同形狀。側邊部分剪牙口，若使用厚布則剪三角形牙口。

❷捲尺盒正、反面皆塗膠黏貼鋪棉，側邊黏貼雙面膠帶後，配合捲尺外盒形狀黏貼裡布。

❸外盒邊緣塗膠黏貼絨球織帶。拆掉捲尺出口的塑膠製拉片換成D形環，掛上附有2條繡線捻成吊繩（→P.39）的對摺式流蘇穗花（→P.37）。

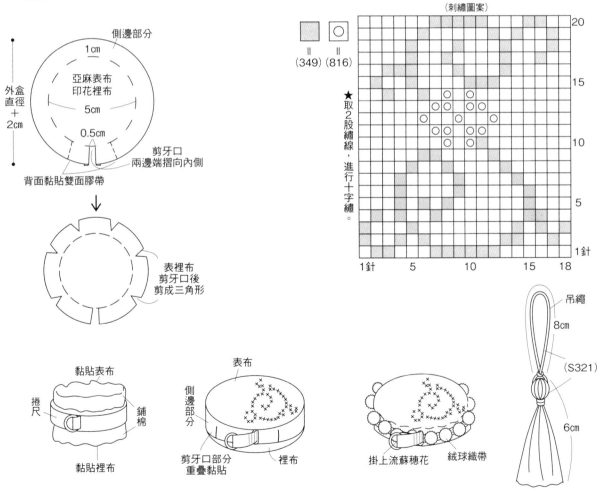

〔捲尺〕

側邊部分
1cm
亞麻表布
印花裡布
5cm
0.5cm
外盒直徑＋2cm
剪牙口
兩邊端摺向內側
背面黏貼雙面膠帶

表裡布剪牙口後剪成三角形

（刺繡圖案）

＝(349)　＝(816)

★取2股繡線，進行十字繡。

黏貼表布
捲尺
鋪棉
黏貼裡布

表布
側邊部分
剪牙口部分重疊黏貼
裡布

掛上流蘇穗花
絨球織帶

吊繩
8cm
(S321)
6cm

55

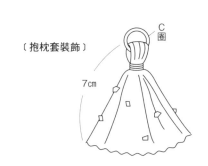

〔抱枕套裝飾〕

C
圈

7cm

8 page 21

抱枕套裝飾

材料

線／MOKUBA・結粒花式紗線-橘色系（F007-2）、花式紗線-綠色系（F008-2）、橘色系（F008-3）、藍色系（F008-5）各少許

附屬品／15mm C圈4個；縫釦線

作法

❶取4條線進行繞線，完成4個對摺式流蘇穗花（→P.37）。

★流蘇穗花繞線板尺寸14cm×4色繞線30次。

❷以縫釦線繫綁流蘇穗花形成頸部後，纏繞藍色系花式紗線（F008-5）5次。加上C圈，縫在抱枕套四角。

10 page 24～32

小流蘇穗花

24-黃綠色流蘇穗花　25-藍色系流蘇穗花
26-綠色系流蘇穗花　27-橘色系流蘇穗花

材料

線／DMC繡線・彩色繡線-黃綠色系（4073）、藍色系（4237）、綠色系（4047）、橘色系（4122）各1/2束

作法

★對摺式流蘇穗花作法請參照P.37，「以手捻線製作吊繩」方法請參照P.39。

★以2條25cm繡線進行捻線完成吊繩。將流蘇製作器〈小〉設定為4cm，繞線15次，完成流蘇穗花，頸部纏繞4次。

★裝飾鉛筆時，拴上羊眼釘（長8mm，直徑3mm），套住C圈（直徑6mm）後，加上流蘇穗花。

28・29-色彩繽紛的流蘇穗花兩款

材料

線／DMC 5號繡線・**28**用藍色、紅色、白色、綠色、藏青色等，**29**灰色、橘色、紫色、黃綠色等，7～8色各少許；FIX都手毬線・淺米黃色（77）

作法

★流蘇穗花用繡線少量多次組合，完成漂亮配色後，整齊修剪成相同長度。以手毬線30cm×2條進行捻線完成吊繩。頸部纏繞5次。

★吊繩形成線圈後打結，打結處加上流蘇穗花，繫綁頸部。

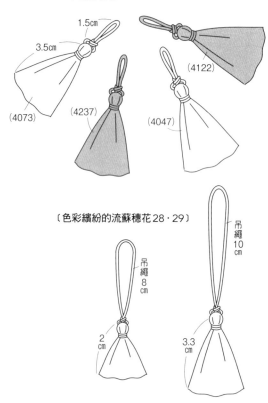

〔小流蘇穗花 24～27〕

1.5cm

3.5cm

（4073）

（4237）

（4122）

（4047）

〔色彩繽紛的流蘇穗花 28・29〕

吊繩8cm

吊繩10cm

2cm

3.3cm

30- 五連流蘇穗花
32- 三連流蘇穗花

材料
線／DMC 8號繡線・鮮紅色(304)、綠色(909)、黑色(310)、黃色(726)、灰藍色(826)各少許；FIX都手毯線・原色(77)或珍珠灰(53)少許

作法
★流蘇穗花繞線板尺寸3cm×繞線8次，以手毯線30cm×2條進行捻線完成吊繩。頸部纏繞5次。

★吊繩形成線圈後打結，打結處加上流蘇穗花，繫綁形成頸部。製作五連、三連流蘇穗花時，分別將吊繩的打結處藏入正中央的流蘇穗花頭部，並且少量塗抹白膠黏貼固定，避免這個流蘇穗花移動位置。

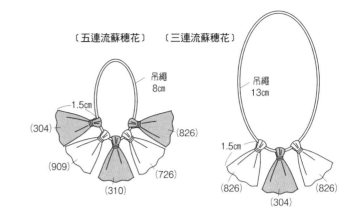

〔五連流蘇穗花〕　〔三連流蘇穗花〕

吊繩 8cm　吊繩 13cm
1.5cm
(304)　(826)
(909)　(726)　1.5cm
(310)　(826)　(826)
(304)

31- 粉紅色三連流蘇穗花

材料
線／AFE・暈染漸層絹紡繡線-粉紅色系(027)少許；FIX都手毯線・珍珠灰(53)少許

作法
★流蘇穗花繞線板尺寸5cm×繞線10次，以手毯線30cm×2條進行捻線完成吊繩。頸部纏繞5次。

★以吊繩依序穿上3個流蘇穗花，繫綁形成頸部。將中央的流蘇穗花移到打結處，少量塗抹白膠黏貼固定，避免這個流蘇穗花移動位置。

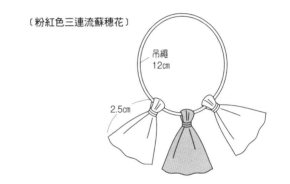

〔粉紅色三連流蘇穗花〕

吊繩 12cm
2.5cm

10 page 33・34
以1束繡線完成3個流蘇穗花

材料
線／DMC人造絲繡線・淺米黃色(S739)1束、焦茶色(S898)少許
附屬品／寬2mm茶色線繩(MOKUBA・No.0846-14)75cm、6mm銀質配件2個；縫釦線

作法 (請參照P.49・P.50)
★直接剪斷整束淺米黃色繡線(S739)，製作1大2小流蘇穗花。以縫釦線綁緊形成頸部，再捲繞焦茶色繡線(S898)5次。以吊繩繫綁流蘇穗花中央，2個小流蘇穗花的吊繩則分別穿上金屬配件。

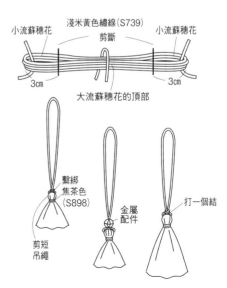

〔以1束繡線完成3個流蘇穗花〕

小流蘇穗花　淺米黃色繡線(S739)　小流蘇穗花
剪斷
3cm　3cm
大流蘇穗花的頂部
繫綁焦茶色(S898)
金屬配件
打一個結
剪短吊繩

穿上漂亮蕾絲罩裙的藍色流蘇穗花

材料

線／流蘇穗花用ＡＦＥ染絲線・淺藍色（2251）、藍色（2252）各1捲；梨形繞線珠用寬4mm藍色彈性織帶（MOKUBA・No.4670-4）65cm；尾珠用AFE染絲線・藍色

附屬品／60mm梨形木珠1個；20mm塑膠製配件1個、2mm木珠1顆；寬3mm藍×紫色彈性螺旋織繩（MOKUBA・No.4689-4）65cm；寬4mm紫色絨布緞帶（MOKUBA・No.2600-61）30cm；寬70mm蕾絲（MOKUBA・No.61327-00）32.5cm；串珠（施華洛世奇）3mm 6顆、5mm 4顆；縫釦線

作法

❶梨形木珠捲繞彈性織帶，木珠穿繞藍色染色絲線，完成繞線珠（→P.41）。

❷以淺藍色與藍色線製作對摺式流蘇穗花（→P.37）。以縫釦線繫綁形成頸部。

★流蘇穗花繞線板尺寸23cm×2色取2條繡線繞線140次。

❸彈性螺旋織繩穿過木珠做成的繞線珠孔洞後，在繞線珠上繫綁流蘇穗花，接著穿上梨形木珠。

❹罩裙用蕾絲疊合成圈，於上側進行平針縫，依梨形木珠周圍尺寸拉緊縫線後，固定到木珠上。

❺罩裙的蕾絲花樣綴縫串珠後，依圖示繫綁絨布緞帶。

〔藍色流蘇穗花〕

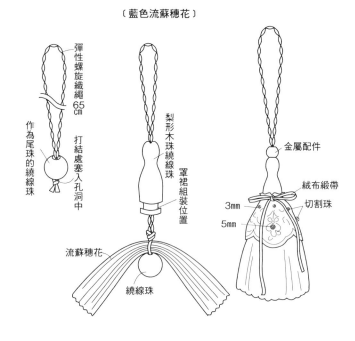

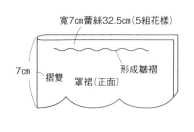

米白色蕾絲流蘇穗花

材料

蕾絲・緞帶／MOKUBA・寬85mm米白色蕾絲（No.62256-00）48cm、寬40mm蕾絲（No.62108-00）96cm、寬6mm米白色WARPLESS RIBBON（No.4675-12）65cm、寬3mm綠色SINGLE SATIN RIBBON（No.1150-38）65cm

附屬品／玫瑰花裝飾（9307-白色01、粉紅色31、藍色23）3組；14mm水晶珠（No.3033-1）1顆、23mm PLEXI CUT BEADS（K1852/23-1）4顆（以上皆MIYUKI）；20mm水晶圓珠1顆；

透明圓環（31mm）1個；鐵絲

作法

❶6mm緞帶穿入3mm緞帶後，用鐵絲鉤著按圖示依序穿上串珠與圓環。

❷利用蕾絲，將上衣（錯開2片後重疊）與裙子皆各縫成圈，一邊穿入寬4mm的緞帶，一邊抽緊縫線，約略地形成皺褶。

❸縫合上衣與裙子，縫合針目周圍加上玫瑰花裝飾。

〔上衣&裙子〕

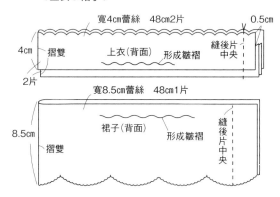

黑白配色流蘇穗花造型鍊墜

材料

線／DARUMA・絲質蕾絲線（14）1捲；
MOKUBA・黑色METALLIC CODE（No.
0140-3）1.5m

附屬品／35mm梨形木珠；配件用（施華洛世
奇）10mm車輪珠1顆、14mm鑲黑鑽戒指1只、
16.5mm全鑲黑鑽戒指1只、3mm&5mm黑色水晶
珠各12顆；寬7mm黑色織帶7cm；40cm附調節鍊
的鍊子；銀色小圓珠；黑色金屬配件；寬1mm黑
色平面繩帶20cm

作法

❶梨形木珠塗抹白膠，黏貼上METALLIC
CODE。

❷以蕾絲線製作對摺式流蘇穗花（→P.37），
彎摺處夾入平面繩帶以及用蕾絲線進行捻線
完成的繩帶。流蘇穗花頭部塗抹白膠後，頂端
往下約3cm的範圍依序捲續繩帶。

★流蘇穗花繞線板尺寸25cm×繞線140次。

❸小圓珠與施華洛世奇串珠穿成V字形後，縫
到織帶上，捲繞到流蘇穗花上後縫合上緣。

❹自流蘇穗花頭部側穿入全鑲黑鑽戒指。

❺用鍊子穿過平面織帶，再依序穿上鑲黑鑽
戒指、木珠、車輪珠。

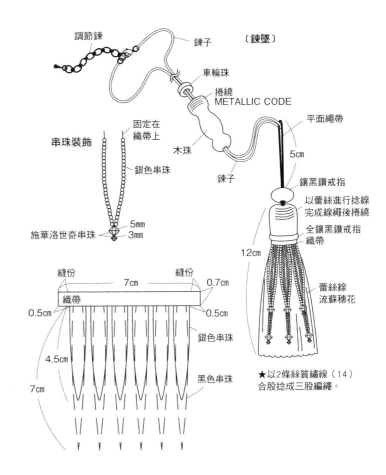

〔鍊墜〕

調節鍊　　鍊子

車輪珠

捲續 METALLIC CODE

木珠

鍊子

串珠裝飾

固定在織帶上

銀色串珠

施華洛世奇串珠

5mm
3mm

平面繩帶

5cm

鑲黑鑽戒指

以蕾絲進行捻線
完成線繩後捲續

全鑲黑鑽戒指

織帶

12cm

蕾絲線
流蘇穗花

★以2條絲質繡線（14）
合股捻成三股編繩。

縫份　　　　縫份

織帶　　7cm　　0.7cm

0.5cm　　　　　0.5cm

銀色串珠

4.5cm

7cm

黑色串珠

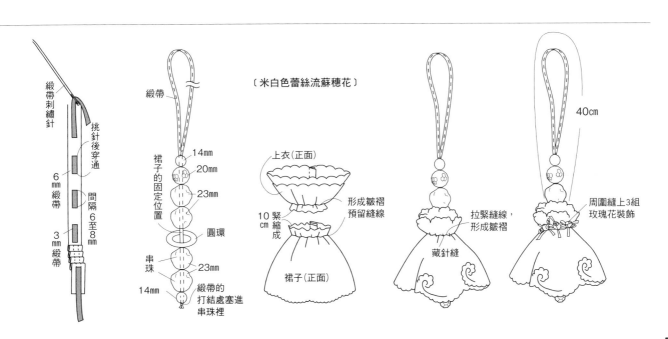

緞帶刺繡針

挑針後穿通

6mm緞帶

間隔6至8mm

3mm緞帶

緞帶

裙子的固定位置

14mm
20mm
23mm

圓環

串珠

23mm

14mm

緞帶的打結處塞進串珠裡

〔米白色蕾絲流蘇穗花〕

上衣（正面）

形成皺褶預留縫線

10cm緊縮成

裙子（正面）

形成皺褶
拉緊縫線，
形成皺褶

藏針縫

40cm

周圍縫上3組
玫瑰花裝飾

繞線珠造型2 Way眼鏡鍊

材料

線／DMC人造絲繡線・深紅色(S3685)2束、皇家紫(S550)1束、玫瑰紅(S326)、焦茶色(S898)、煙燻水藍(S931)各1/2束

附屬品／木珠18mm1顆；14mm4顆；眼鏡掛耳2個；龍蝦釦2個；收線夾2個；直徑4mmC圈7個；珍珠串珠・黑色棗形6mm36顆、黑色圓珠6mm 16顆；大孔串珠・煙燻水藍、深紅色、古銅色、暗紅色各數顆；耐用蠶絲線3號70cm×2條

★流蘇穗花繞線板尺寸8cm×焦茶色繞線5次・深紅色繞線20次。

作法

❶製作繞線珠(→P.41)。木珠表面做六等分記號後，開始繞線。14mm木珠(A至D)寬幅的

主色部分取6股繡線繞線3次，配色部分繞線1次，18mm木珠的主色部分繞線4次，配色部分繞線2次，兩色交界處的直線取3股繡線繞線1次。

❷蠶絲線依圖示穿上繞線珠與繞線珠之間的串珠，再加上配件等部分。

❸拆掉眼鏡掛耳並將龍蝦釦互扣，即可當作項鍊使用。

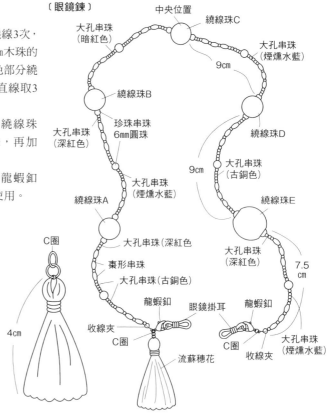

〔眼鏡鍊〕

(繞線珠A)
(S3685)
(S931)

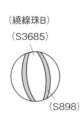
(繞線珠B)
(S3685)
(S898)

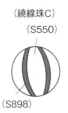
(繞線珠C)
(S550)
(S898)

(繞線珠D)
S326
(S3685)

(繞線珠E)
(S3685)
(S931) (S550)

鍊墜兩款

材料

37-單顆繞線珠造型鍊墜

線／DMC 25號繡線・淺藍紫色(3760)、淺灰色(01)、石榴紅(35)、人造絲繡線・煙燻水藍(S931)、深粉紅色(S3607)

附屬品／MARCHEN ART・20mm木珠1顆、8mm金屬配件銀色2個、20mm琉璃珠墜扣1個

38-雙顆繞線珠造型鍊墜

線／DMC 25號繡線・淺藍紫色(3760)、奶茶色(06)、人造絲繡線・朱紅色(S606)、珍珠光澤・白色(E5200)各1/2束

附屬品／16mm扁球狀木珠2顆；13mm菊形扁球狀金屬配件銀色1個；25mm琉璃珠墜扣1個

作法

★兩款皆是以琉璃珠墜扣組裝木珠與金屬配件。木珠孔洞太小時，以金屬銼刀打磨，調整孔洞大小。

❶依圖示(木珠俯瞰圖)配色完成繞線珠(→P.41)。

❷依序以琉璃珠墜扣組裝繞線珠與金屬配件。

12 page 36

繞線珠造型胸針

材料

線／DMC 25號繡線・軍藍色(336)1束；人造絲繡線・淺茶色(S841)、煙燻水藍(S931)各1束

附屬品／木珠12mm 3顆、14mm 1顆、16mm 1顆；20mm棗形木珠2個；6mm×5mm銀質配件7個；4mm月牙形玻璃串珠7顆；寬8cm胸針用別針1個

其他／2/0號鉤針

作法

❶木珠與棗形木珠分別依圖示配色以繡線進行繞線，完成繞線珠（→P.41）後，下側穿上串珠，上側鉤織鎖針形成線圈。

❷繞線珠的線圈穿上銀質配件，再依序穿到胸針用別針上面。

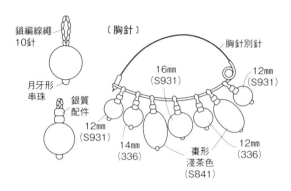

[胸針]

鎖編線繩 10針 / 月牙形串珠 / 銀質配件 / 16mm(S931) / 胸針別針 / 12mm(S931) / 12mm(S931) / 14mm(336) / 14mm(336) / 棗形淺茶色(S841) / 12mm(336)

28 page 66

櫻桃造型 JOLIS FRUITS

材料

線／DMC 5號繡線・線繩用深綠色(934)1束；25號繡線・上部繞線珠用深綠色(934)、金黃色(834)各1束；絨球用金黃色(834)4束、薄荷綠(966)＆灰綠色(3817)各3束；櫻桃與葉子用鮮紅色(304)、深紅色(321)、葉綠色(3346)各1束

★以深綠色繡線（長240cm摺成4褶×3條）完成線繩（→P.39）。

附屬品／上部繞線珠用20mm尾珠1顆；寬5mm藍色虛線緞帶

(MOKUBA・No.4671-10)25cm 直徑30mm木環1個；寬4mm紅色線繩(MOKUBA・No.DM0060-666)75cm；櫻桃用10mm木珠18顆；3.4mm紅色水滴形串珠(MIYUKI-DP140)18顆

其他／2/0號鉤針

作法

★請參照P.44・P.45「JOLIS FRUITS」作法。以紅色線繩捲繞圓環，將9組櫻桃（深紅色〈321〉與鮮紅色〈304〉果實一顆顆地固定於莖部）固定在圓環上，除此之外，其他部分作法皆相同。

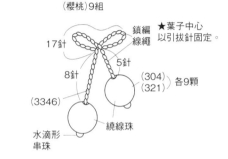

(櫻桃)9組

17針 / 鎖編線繩 / 8針 / 5針 / (304)(321)各9顆 / 繞線珠 / 水滴形串珠 / ★葉子中心以引拔針固定。

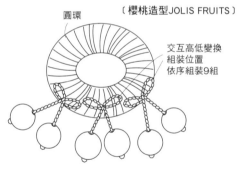

[櫻桃造型JOLIS FRUITS]

圓環 / 交互高低變換組裝位置依序組裝9組

[鍊墜兩款]

(繞線珠A配色)

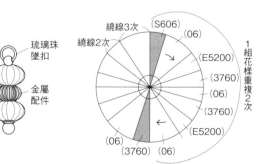

繞線4回 (3760)(S931) / 繞線4回 (01) / 繞線2回 (S931) / (35) / (S3607) / (01) / (S606)(3760) / 1組花樣重複2次 / 琉璃珠墜扣 / 繞線珠A / 銀質配件

(38 繞線珠配色)

繞線3次 (S606)(06) / 繞線2次 (E5200) / (3760) / (06) / (3760) / (E5200) / (06)(3760)(06) / 1組花樣重複2次 / 琉璃珠墜扣 / 繞線珠 / 金屬配件

黑白配色流蘇穗花造型針式耳環

材料

線／黑色系流蘇帶30mm×40mm 2片

附屬品／耳環用金屬配件1組；直徑6mmC圈4個；20mm黑色樹脂製配件2個；長50mm 9字針2支；8mm捷克珠2顆；縫釦線

作法

❶流蘇帶塗抹白膠，以9字針為中心進行捲繞，接著捲繞縫釦線，完成流蘇穗花。

❷流蘇穗花中心的9字針穿入串珠，調節9字針長度後，以鐵鉗等工具，將端部夾成圈狀。

❸依圖示以C圈連結樹脂製配件，共製作2個。

邊緣綴滿洋蔥形流蘇穗花的披肩

材料

線／Puppy New 2PLY（極細類型）

乳白色（234）5球（125g）

附屬品／邊長99cm正方形人造絲布片

寬15mm蕾絲4m（MOKUBA・No.0440-12）

作法

❶以2PLY線完成96個洋蔥形流蘇穗花（→P.40）。繫綁流蘇穗花頭部上側時，預留縫線。

❷將布片周圍摺成三摺，以車縫或手縫方式進行壓縫後，在正面縫上蕾絲。

❸利用預留繡線，將洋蔥形流蘇穗花縫在蕾絲上，以法國結粒繡要領進行刺繡。

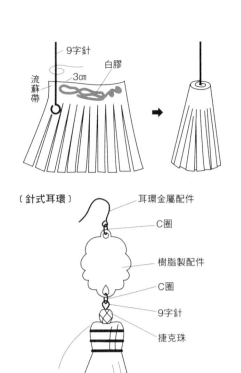

〔針式耳環〕

耳環金屬配件
C圈
樹脂製配件
C圈
9字針
捷克珠
4cm
流蘇帶做成的流蘇穗花

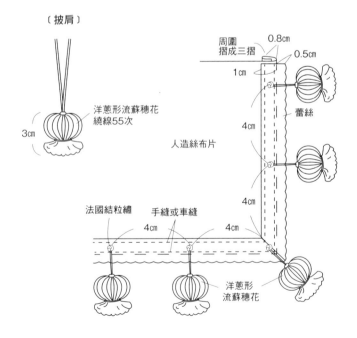

〔披肩〕

洋蔥形流蘇穗花繞線55次
3cm
周圍摺成三摺
0.8cm
0.5cm
1cm
蕾絲
4cm
人造絲布片
4cm
法國結粒繡　手縫或車縫
4cm　4cm
洋蔥形流蘇穗花

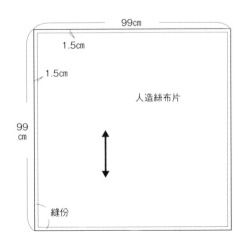

99cm
1.5cm
1.5cm
99cm
人造絲布片
縫份

14 page **41**

綠色髮箍

材料

線／DMC人造絲繡線・淺茶色（S841）
焦茶色（S898）、煙燻水藍（S931）各1束
附屬品／MARCHEN ART・12mm木珠3顆；8
mm、10mm捷克珠各2顆；6mm隔珠4顆；髮箍
（綠色天鵝絨，頂部側寬4cm）；縫釦線

作法

❶木珠穿繞繡線，完成3顆繞線珠(→P.41)。
❷縫釦線依圖示順序穿入串珠、繞線珠、隔
珠後，縫在髮箍的正面側。挑縫珠子的同時
進行回針縫，以避免配件脫落。

〔綠色髮箍〕

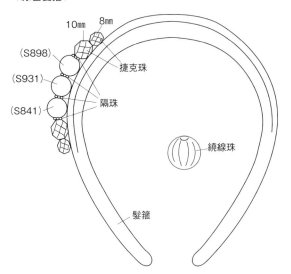

14 page **42**

軍藍色髮箍

材料

線／DMC 25號繡線・灰紫色（26）、江戶紫
（32）、群青（791）；人造絲繡線・淺紫色
（S211）、粉紫色（S552）各1束
附屬品／木珠10mm 2顆；14mm 3顆；尾珠16mm 3
顆、18mm 1顆；14mm深紅色天鵝絨串珠2顆；5mm
捷克珠4顆；粉紅色、紫色大孔串珠等15顆；寬7
mm皇家紫羅紋緞帶60cm；髮箍（軍藍色天鵝絨，
頂部側寬4cm）

作法

❶木珠穿繞繡線，完成9顆繞線珠（→P.41）。
❷依圖示順序一邊在繞線珠上側孔洞上大孔
串珠，一邊將繞線珠、捷克珠縫到裁剪好的羅
紋緞帶上。
❸將羅紋緞帶縫到髮箍上，再於兩端縫上蝴蝶
結緞帶。

〔軍藍色髮箍〕

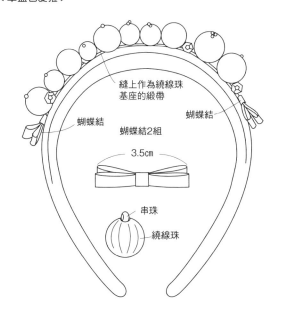

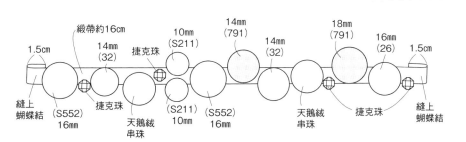

布包兩款

44-肩背包
材料
線／ＤＭＣ人造絲繡線‧灰綠色（S501）、淺粉紅色（S899）、嫩葉色（S471）、咖啡棕（S932）、金茶色（S976）、深粉紅色（S3607）、煙燻水藍（S931）、栗色（S869）各少許；流蘇穗花用黑色絲質線繩（No.806-03）、黑色METALLIC CODE（F002-3）、黑色花式紗線（0140-3）各19m；橘色系花式紗線（F003-2）少許

★流蘇穗花繞線板尺寸18cm×取3條繡線繞線10次。

附屬品／木珠10mm 2顆＆12mm 2顆棗形木珠14mm 2顆＆20mm 2顆18mm琉璃珠1顆

45-手提包
材料
線／ＤＭＣ人造絲繡線‧白色（S5200）、紫紅色（S602）、藍色（S561）、淺粉紅色（S899）、深藍色（S796）、灰綠色（S501）、金茶色（S976）、深粉紅色（S553）各少許；MOKUBA‧流蘇穗花用黑色絲質線繩（No.806-3）、黑色METALLIC CODE（F002-3）各2.3m；橘色系花式紗線（F003-2）少許；繞線珠用絲質線繩紫色（26）＆藍色（22）各1m、藍綠色（46）2m

附屬品／MARCHEN ART木珠10mm 4顆、12mm 1顆、18mm 1顆、35mm 2顆；棗形木珠14mm 2個、20mm 1個；琉璃珠18mm 1顆；10mm方形環1個；蠶絲線

作法
❶木珠、棗形木珠分別捲繞繡線，完成繞線珠（→P.41）。木珠分別塗抹白膠並捲繞兩種顏色的絲質線繩，製作出左右不同色的繞線珠後，加到手提包提把兩端上面。

❷製作流蘇穗花（→P.37）。

★流蘇穗花繞線板尺寸17cm×取2條繡線繞線6次。

❸利用蠶絲線，將繞線珠與琉璃珠縫在包包上，固定流蘇穗花。

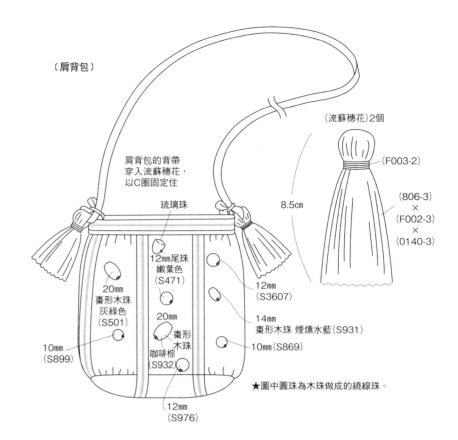

〔肩背包〕

肩背包的背帶穿入流蘇穗花，以C圈固定住

（流蘇穗花）2個

(F003-2)

8.5cm

(806-3)
×
(F002-3)
×
(0140-3)

琉璃珠

12mm尾珠 嫩葉色（S471）

20mm 棗形木珠 灰綠色（S501）

20mm 棗形木珠 咖啡棕（S932）

10mm（S899）

12mm（S3607）

14mm 棗形木珠 煙燻水藍（S931）

10mm（S869）

12mm（S976）

★圖中圓珠為木珠做成的繞線珠。

★兩款都是市售包加上流蘇穗花與繞線珠。

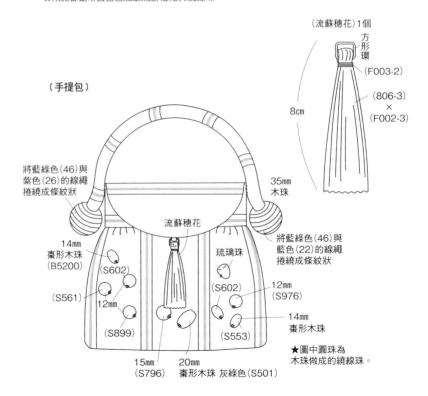

（流蘇穗花）1個

方形環

(F003-2)

8cm

(806-3)
×
(F002-3)

〔手提包〕

將藍綠色（46）與紫色（26）的線繩捲繞成條紋狀

35mm 木珠

將藍綠色（46）與藍色（22）的線繩捲繞成條紋狀

14mm 棗形木珠（B5200）

(S561)

流蘇穗花

琉璃珠

(S602)

12mm（S976）

(S602)

12mm

(S899)

14mm 棗形木珠

(S553)

15mm（S796）

20mm 棗形木珠 灰綠色（S501）

★圖中圓珠為木珠做成的繞線珠。

捲繞三股編繩的圓環造型提袋裝飾

材料
線／MOKUBA・寬4㎜繩帶鮮豔桃紅色（DM0060-326）、藏青色（DM0060-823）、藍色（DM0060-806）各1.4m
附屬品／直徑5㎝木環1個

作法
❶以三種顏色的線繩完成三股編繩，暫時固定編織起點與終點。

❷將三股編繩捲繞在木環上，依圖示繫綁2處。整齊修剪線繩兩端，以不同顏色線繩的分股線繫綁末端。

❸將下側打結處縫在包包上，圓環穿套於提把部位。

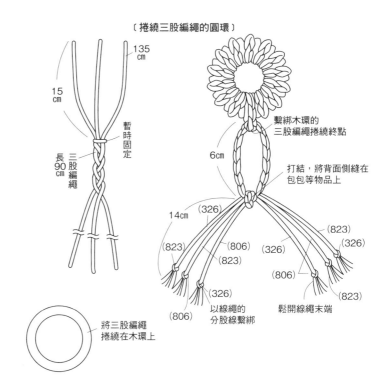

〔捲繞三股編繩的圓環〕

135㎝
15㎝
暫時固定
長90㎝
三股編繩
繫綁木環的三股編繩捲繞終點
6㎝
打結，將背面側縫在包包等物品上
14㎝
(326)
(823)
(806)
(823)
(326)
(806)
(326)
(823)
(823)
(806)
鬆開線繩末端
(326)
(806)
以線繩的分股線繫綁

將三股編繩捲繞在木環上

手套掛環

材料
線／粉紅色花式紗線（MOKUBA・F002-4）1捲
附屬品／手套掛環（Ni）1組；包包小裝飾（KIWA・5）1個；10㎜金屬配件1個；20㎜蕾絲雕紋金屬帽蓋1個；12㎜金屬串珠1顆；龍蝦釦1個；5㎜C圈1個；縫釦線

作法
❶縱向27㎝的繞線板捲繞花式紗線130次，以縫釦線繫綁中央13.5㎝處後，剪開繞線板上下邊紗線。

❷以3條長45㎝花式紗線進行捻線完成吊繩，形成7㎝線圈後打結。

❸流蘇穗花吊繩依序穿入蕾絲雕紋金屬帽蓋、金屬串珠、金屬配件，組裝C圈後，鉤住包包的小裝飾。

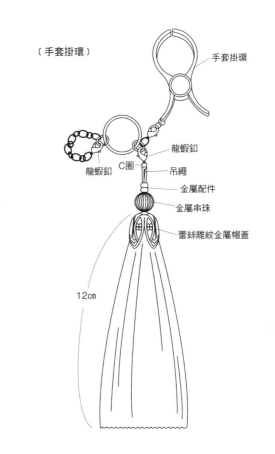

〔手套掛環〕

手套掛環
龍蝦釦
C圈
龍蝦釦
吊繩
金屬配件
金屬串珠
蕾絲雕紋金屬帽蓋
12㎝

藍色手機吊飾

材料

線／FIX都手毯線・天藍色（7）1捲
附屬品／12mm金屬蓋1個；8mm菊形扁球狀銀質配件1個；8mm天然綠松石串珠2顆

作法

❶對摺2條長70cm的手毯線捻成吊繩（→P.39）後，將末端打結。

❷繞線製作流蘇穗花，以縫線等線材繫綁中央後，依圖示套上吊繩。將吊繩打結處藏入流蘇穗花頭部。

★流蘇是以流蘇製作器〈大〉設定7cm長，捲線70次製作完成（→37頁）。

❸吊繩依序穿入金屬帽蓋、串珠、銀質配件。

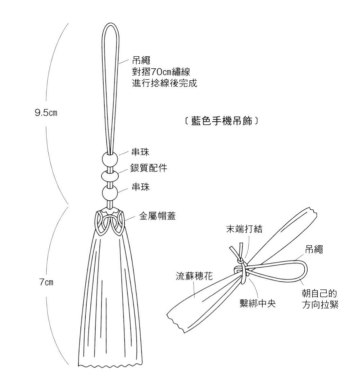

9.5cm

吊繩
對摺70cm繡線
進行捻線後完成

〔藍色手機吊飾〕

串珠
銀質配件
串珠
金屬帽蓋

7cm

末端打結
吊繩
流蘇穗花
繫綁中央
朝自己的方向拉緊

橘色手機吊飾

材料

線／FIX都手毯線・橘色（29）、玫瑰粉紅（19）各1捲；TORUKO OYAITO・橘色（947）6.8m

作法

❶由吊繩開始準備起。以長1m的TORUKO OYAITO各2條，共6條，進行捻線完成3股線吊繩（→P.39），對摺後，在11.5cm處打結。

❷以1條長80cm的TORUKO OYAITO進行捻線150次，完成裝飾線繩。

❸兩種顏色的手毯線全部捲繞，完成流蘇穗花。

★將流蘇製作器〈大〉設定為9cm，繞線70次，完成流蘇穗花（→P.37）。

❹繞線後，以吊繩末端繫綁中央，將打結處藏入流蘇穗花頭部。

❺以裝飾用線繩纏繞流蘇穗花頸部。

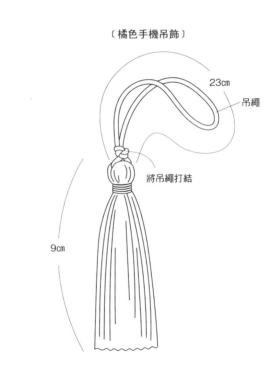

〔橘色手機吊飾〕

23cm
吊繩

將吊繩打結

9cm

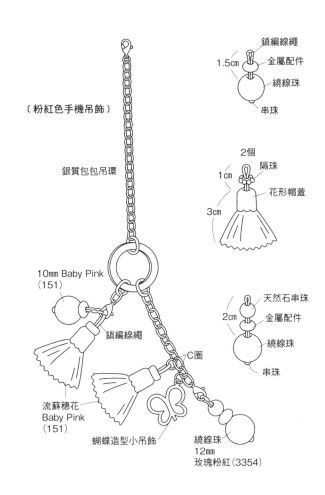

〔粉紅色手機吊飾〕

鎖編線繩
金屬配件
1.5cm
繞線珠
串珠

2個
隔珠
1cm
花形帽蓋
3cm

天然石串珠
金屬配件
2cm
繞線珠
串珠

銀質包包吊環

10mm Baby Pink
(151)

鎖編線繩

C圈

流蘇穗花
Baby Pink
(151)

蝴蝶造型小吊飾

繞線珠
12mm
玫瑰粉紅(3354)

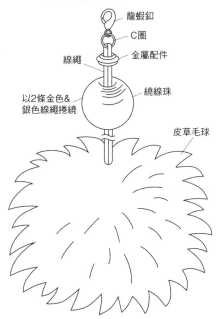

〔皮草毛球造型吊飾〕

龍蝦釦
C圈
線繩
金屬配件
以2條金色&
銀色線繩捲繞
繞線珠
皮草毛球

18 page 50

粉紅色手機吊飾

材料

線／DMC 25號繡線・Baby Pink（151）、玫瑰粉紅（3354）各1束

附屬品／銀質包包吊環1個；花形帽蓋2個；8mm菊形扁球狀銀色金屬配件2個；7mm隔珠2顆；20mm蝴蝶造型小吊飾1個；8mm C圈2個；木珠10mm 1顆、12mm 1顆；8mm天然粉晶珠1顆；大孔串珠（粉紅色）2顆

其他／2/0號鉤針

作法

❶以Baby Pink（151）與玫瑰粉紅（3354）繡線穿繞木珠，完成繞線珠（→P.41），於繞線珠下側以穿繞終點的繡線縫上大孔串珠。同一條繡線依序穿入金屬配件與天然粉晶珠後，鉤織上側的鎖編線繩。

❷對摺2條長30cm的Baby Pink（151）繡線，完成2條長10cm線繩（→P.39）。

❸以Baby Pink（151）繡線製作2個流蘇穗花，以線繩繫綁後，於上側加上花形帽蓋與隔珠。

★將流蘇製作器〈小〉設定為3cm，繞線50次（→P.37）完成流蘇穗花。

❹把繞線珠、流蘇穗花、小吊飾等組合到C圈上面，再以包包吊環上的龍蝦釦鉤住C圈。

18 page 51

皮草毛球造型手機吊飾

材料

線／MOKUBA・金色線繩（No.9816-1）、銀色線繩（No.9816-7）各1捲；黑色線繩15cm

附屬品／25mm木珠1顆；10cm白色皮草毛球（附吊繩）1個；10mm算珠形金屬配件1個；直徑7mmC圈1個；龍蝦釦1個

作法

❶木珠塗抹白膠後，取2條金色與銀色線繩進行捲繞完成繞線珠。

❷線繩穿過皮草毛球的吊繩後，依序穿上步驟❶的繞線珠、金屬配件，接著穿過C圈，最後安裝龍蝦釦。線繩形成環狀後打結即可完成，但要將結打在吊掛時能以繞線珠藏住打結處的位置。同時調節線繩長度至可藏住線繩。

綠色手機吊飾

材料

線／FIX都手毬線·珍珠灰（53）、Mineral Green（56）各1捲；AFE花式紗線綠色（SPOG03）少許

作法

❶取2條長60cm的手毬線珍珠灰（53），對摺後捻成線繩（→P.39）。對摺線繩之後於末端打結，完成吊繩。

❷製作流蘇穗花，暫時固定中央後，依圖示加上吊繩並將吊繩打結處藏入流蘇穗花的頭部。

★流蘇穗花繞線板尺寸20cm×手毬線2色繞線19次＋右側以花式紗線繞線4次。

❸以珍珠灰（53）繫綁形成頸部，完成流蘇穗花。

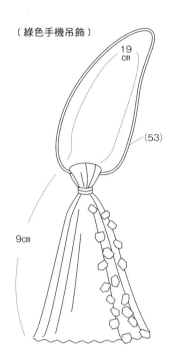

〔綠色手機吊飾〕

19cm

（53）

9cm

雨傘吊飾兩款

材料

線／FIX都手毬線·粉紅色系用原色、淺粉紅色（21）、粉紅色（22）、深粉紅色（23）各1捲；紫色系用原色、淺藍色（6）、淺紫色（50）、深紫色（72）各1捲

附屬品／縫鈕線

作法

❶製作吊繩與裝飾繩（→P.38·P.39），形成線圈後打結。

❷各使用4色手毬線，分別以兩種顏色繞線完成流蘇穗花（→P.37），彎摺處夾入吊繩打結處，繫綁形成頸部。由於線材光滑，先捲繞縫鈕線，再纏繞手毬線。

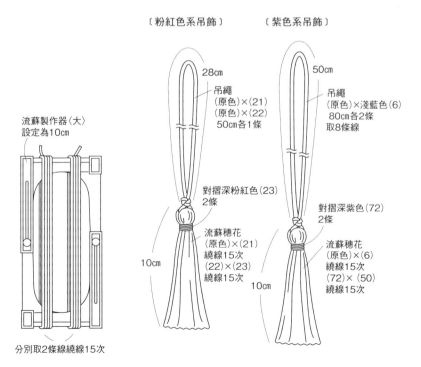

流蘇製作器〈大〉設定為10cm

分別取2條線繞線15次

〔粉紅色系吊飾〕

28cm

吊繩
（原色）×（21）
（原色）×（22）
50cm各1條

對摺深粉紅色（23）2條

10cm

流蘇穗花
（原色）×（21）
繞線15次
（22）×（23）
繞線15次

〔紫色系吊飾〕

50cm

吊繩
（原色）×淺藍色（6）
80cm各2條
取8條線

對摺深紫色（72）2條

流蘇穗花
（原色）×（6）
繞線15次
（72）×（50）
繞線15次

10cm

繽紛多彩的YOYO
★與P.43的YOYO作法相同，但改變配色。

58-紫色YOYO
材料
線／DMC 25號繡線‧蓬裙用藍色（322）、藍灰色（3807）、靛藍（797）、紫色、（3837）、群青（791）、深紫色（327）、紫羅蘭色（208）、藍紫色（333），共8色，各1束；繞線珠用茄紫藍（29）、藍錆色（31）、土耳其藍（3810）、代爾夫特藍（158）、藍色系彩色繡線（4240）各1束

附屬品／MARCHEN ART‧木珠12mm、25mm各1顆；水滴形木珠（高22mm‧寬14mm）1個；寬6mm緞帶（MOKUBA‧No.4675-61）45cm；彩色鐵絲

★木珠、水滴形木珠、彩色鐵絲各色共通。
★25mm木珠分別以指定顏色的DMC‧彩色繡線穿繞完成繞線珠。

作法
12mm木珠穿繞茄紫藍（29）繡線。水滴形木珠以繞線3次×6等分穿繞藍錆色（31），藍錆色之間分別穿繞土耳其藍（3810）2次，而土耳其藍中央又再分別穿繞代爾夫特藍（158）繡線1次。

59-紅色YOYO
材料
線／DMC 25號繡線‧蓬裙用茄紅色（350）、深粉紅色（961）、深橘紅色（3328）、茜草玫瑰紅（3350）、深紅色（3685）、淺玫瑰紅（3687）、草莓紅（3831）、古典玫瑰紅（3832），共8色，各1束；繞線珠用玫瑰紅（326）、灰紅色（309）、淺茄紅色（351）、紅色系彩色繡線（4210）各1束

附屬品／寬6mm緞帶（MOKUBA No.4675-40）45cm

作法
12mm木珠穿繞玫瑰紅（326）繡線。水滴形木珠作法同紫色YOYO，以繞線3次×6等分穿繞灰紅色（309），灰紅色之間分別穿繞淺茄紅色（351）2次，而淺茄紅色中央又再分別穿繞灰紅色（309）繡線1次

60-綠色YOYO
材料
線／DMC 25號繡線‧蓬裙用藻綠色（904）、嫩草綠（907）、淺綠色（505）、茶葉綠（3818）、深綠色（895）、灰綠色（581）、綠色（699）、深藻綠色（3345），共8色，各1束；繞線珠用薄荷綠（368）、淺綠色（700）、淺暗綠色（3848）、萊姆綠（704）、綠色系彩色繡線（4047）各1束

附屬品／寬6mm緞帶（MOKUBA‧No.4675-17）45cm

作法
12mm木珠穿繞薄荷綠（368）繡線。水滴形木珠作法同紫色YOYO，以繞線3次×6等分穿繞淺暗綠色（3848），淺暗綠色之間分別穿繞淺綠色（700）2次，而淺綠色中央又再分別穿繞萊姆綠（704）繡線1次。

61-藍色YOYO
材料
線／DMC 25號繡線‧蓬裙用煙黃綠色（166）、淺藍色（168）、大溪地藍（798）、露草藍（799）、淺藤紫色（209）、藍紫色（792）、青綠色（996）、橄欖綠（890），共6色，各1束；繞線珠用水藍色（3325）、戴夫特藍（158）、淺藍紫色（3760）、淡藍紫色（807）、藍色系彩色繡線（4237）各1束

屬品／寬6mm緞帶（MOKUBA‧No.4675-61）45cm

作法
12mm木珠穿繞水藍色（3325）繡線。水滴形木珠作法同紫色YOYO，以繞線3次×6等分穿繞淺藍紫色（3760），淺藍紫色之間分別穿繞戴夫特藍（158）2次，而戴夫特藍中央又再分別穿繞淡藍紫色（807）繡線1次。

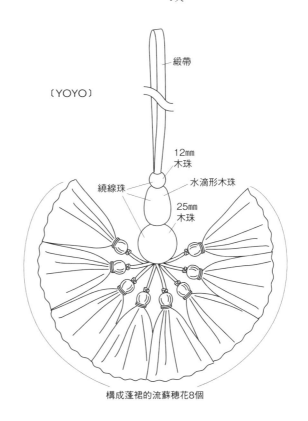

〔YOYO〕

緞帶

12mm
木珠

繞線珠

水滴形木珠

25mm
木珠

構成蓬裙的流蘇穗花8個

紫色里昂物語

材料

線／DMC 25號繡線・皇家紫（550）、群青（791）各7束、松葉綠（986）1束；5號繡線・皇家紫（550）、松葉綠（986）各1束

附屬品／MARCHEN ART木珠12mm 1顆；木珠・樹形（高50mm、最大直徑25mm）、甜甜圈形（直徑30mm）各1個；寬7mm紫色羅紋緞帶11cm；彩色鐵絲；縫釦線

作法

★與P.46里昂物語作法相同，但改變配色。

依圖示配色，完成各部分。

・以DMC 5號繡線（皇家紫550、松葉綠986）捲繞樹形木珠，取2條線完成捲繞。

・以DMC 25號繡線群青（791）進行捻線，完成外側罩裙的吊繩。

粉紅色里昂物語

材料

線／DMC 25號繡線・牡丹紫（718）、紫色（915）各3束；石榴紅（35）、深紫色（154）、紫紅色（917）、紫羅蘭色（3607）、洋李紫紅（3834）各2束；5號繡線・牡丹紫（718）1束

★附屬品同「紫色里昂物語」。

★與P.46里昂物語作法相同，但改變配色。

作法

・依圖示進行配色，完成各部分。取2條DMC 5號繡線牡丹紫（718），捲繞中央的樹形木珠。

・以DMC 25號繡線牡丹紫（718）進行捻線，完成外側罩裙的吊繩。

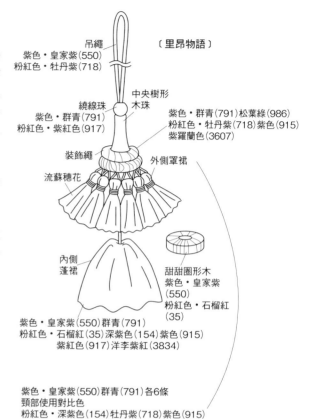

〔里昂物語〕

吊繩
紫色・皇家紫（550）
粉紅色・牡丹紫（718）

中央樹形木珠

紫色・群青（791）松葉綠（986）
粉紅色・牡丹紫（718）紫色（915）
紫羅蘭色（3607）

繞線珠
紫色・群青（791）
粉紅色・紫紅色（917）

裝飾繩

外側罩裙

流蘇穗花

內側蓬裙

甜甜圈形木珠
紫色・皇家紫（550）
粉紅色・石榴紅（35）

紫色・皇家紫（550）群青（791）
粉紅色・石榴紅（35）深紫色（154）紫色（915）
紫紅色（917）洋李紫紅（3834）

紫色・皇家紫（550）群青（791）各6條
頸部使用對比色
粉紅色・深紫色（154）牡丹紫（718）紫色（915）
紫紅色（917）紫羅蘭色（3607）洋李紫紅（3834）各2條
頸部使用同色

橡實壁飾

材料

線／DMC 25號繡線・棕色系（420）（801）（869）（3861）共4色；5號繡線・棕色系（420）（801）（841）（869）共4色，各少許

附屬品／棗形木珠10mm 3顆、17mm 16顆、22mm 3顆；寬7mm帶狀蕾絲115cm；3mm月牙形串珠22顆

其他／2/0號鉤針

作法

❶大、中、小木珠分別以各色25號繡線穿繞，完成繞線珠（→P.41）後，縫上串珠。

❷以5號繡線鉤織鎖針，完成長10～15cm線繩，如戴帽子似地捲繞黏貼到塗上白膠的繞線珠上方。鉤織鎖針後不剪線，取下鉤針並調節長度。捲繞黏貼至上側，預留吊掛部分的鎖編線繩與縫線後剪線。

★繞線珠與帽子組合成同色與不同色的組合，吊掛部分的鎖編線繩長度也變更尺寸縮短或加長。

❸橡實造型繞線珠並排縫到帶狀蕾絲邊緣。

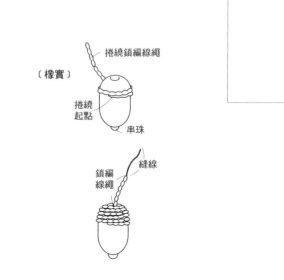

〔橡實〕

捲繞鎖編線繩

捲繞起點

串珠

鎖編線繩

縫線

橡實頸飾

材料

線／DMC 25號繡線・流蘇穗花用人造絲繡線・明亮茶色（S434）、薄荷藍（S964）、金茶色（S976）；橡實用茶色系彩色繡線（4145）；5號繡線・帽子用茶色（434）各1束
附屬品／木珠・22mm棗形1個、20mm水滴形 1個；3mm月牙形串珠1顆；7mm Macrame串珠（MIYUKI-MAC1256）1顆；寬3mm淺綠色繩帶（MOKUBA・No.0846-15）80cm
其他／2/0號鉤針

作法

❶以兩種顏色繡線完成對摺式流蘇穗花（→P.37），以水滴形木珠製作同色繞線珠（→P.41）。繫綁流蘇穗花中央時，加入80cm線繩一起繫綁。

★流蘇穗花繞線板尺寸17cm×3色，各取1條線繞線12次。

❷以棗形木珠完成橡實造型繞線珠。帽子用鎖編線繩以白膠黏貼固定至中途。

❸流蘇穗花線繩穿上水滴形繞線珠與Macrame串珠，將端部藏入橡實繞線珠中，以白膠黏貼固定後，捲繞剩餘的帽子用鎖編線繩。

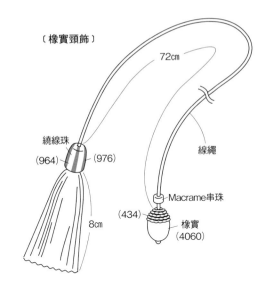

〔橡實頸飾〕

72cm

繞線珠
（964）　（976）

線繩

Macrame串珠
（434）

橡實
（4060）

8cm

繽紛多彩的橡實

材料

線／DMC 25號繡線・線號為帽子×橡實的組合
70茶色系彩色繡線（4145）×綠色系彩色繡線（4065）；**71**茶色系彩色繡線（4145）×紫灰色（3042）×淺灰色（3743）；**72**焦茶色（898）×金黃色（744）；**73**海綠色（703）×藻綠色系段染（94）；**74**青綠色（996）×松石綠（3845）；**75**淺紫色（210）×紫色（915）；**76**深粉紅色（891）×深粉紅色（891）；**77**粉紅色（603）×粉紅色（603）；**78・79**茶色系彩色繡線（4145）×粉紅色系段染（48）；**80**茶色系彩色繡線（4145）×藻綠色系段染（94）；**81**主教紅（150）×古典玫瑰紅（3832）；**82**茶色系彩色繡線（4145）×藻綠色系段染（94）
附屬品／木珠・22mm棗形8個、20mm水滴形 4個；3mm月牙形串珠12顆
其他／2/0號鉤針

作法

❶以棗形與水滴形木珠完成配色橡實繞線珠（→P.41）。

❷繞線珠塗抹白膠，黏貼鎖編線繩，以鎖編線繩末端做出線圈。

〔繽紛多彩的橡實〕
鎖編線繩

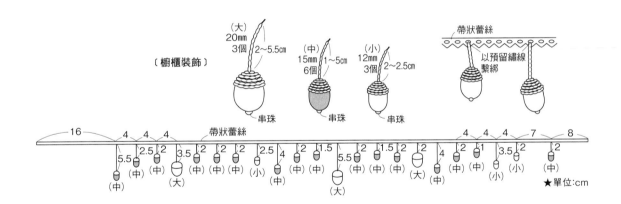

〔櫥櫃裝飾〕

（大）20mm 3個 2～5.5cm
（中）15mm 6個 1～5cm
（小）12mm 3個 2～2.5cm

串珠

帶狀蕾絲
以預留繡線繫綁

16　4　4　4　帶狀蕾絲　4　4　4　7　8

5.5
（中）

2.5
（中）

2
（大）

3.5
（中）

2
（中）

2
（中）

2
（中）

2.5
（小）

4
（中）

2
（中）

1.5
（中）

5.5
（大）

2
（中）

2
（中）

1.5
（中）

2
（中）

4
（大）

2
（中）

1
（中）

3.5
（小）

2
（小）

2
（中）

★單位:cm

藍色系JOLIS FRUITS

材料

線／DMC 5號繡線‧絨球用金黃色（834）4束、薄荷綠（966）＆灰綠色（3817）各3束；水果＆鎖編線繩用淺紫色（211）、灰米色（452）、淺紫色（153）、淺綠色（955）、自然粉紅（3716）、灰綠色（581）、白綠色（369）、冰藍色（747）、淺藍綠色（598）、群青（791）、藍紫色（333）、深藍色（820）各少許；尾珠用淺藍色（3846）、灰綠色（04）、薩克斯藍（813）各少許

附屬品／上側繞線珠用20mm尾珠1顆；寬5mm虛線緞帶（MOKUBA‧No.4671-10）25cm；30mm木環1個；寬4mm芥末黃線繩（MOKUBA‧No.DM0060-834）75cm；水果用木珠8mm

1顆、10mm 7顆、12mm 12顆、14mm 3顆、15mm 1顆、20mm 2顆、水滴形18mm 1顆、棗形20mm 1顆、蘋果形12mm 2顆（8mm～20mm水果用木珠、棗形‧茱萸等木珠30個）；4mm月牙形水晶珠30顆；吊繩用寬4mm雙色線繩（MOKUBA‧No.9815-7）40cm

作法

★ 參照P.44‧P.45作法，完成JOLIS FRUITS。**木環與絨球同色，於繫綁絨球時，夾入已形成線圈的線繩。**

❶以木珠與尾珠製作色彩繽紛的繞線珠後，於繞線珠頭部加上不同長度的鎖編線繩。

❷木環捲繞線繩後，依序縫上水果造型繞線珠。

❸吊繩穿上圓環與繞線珠。

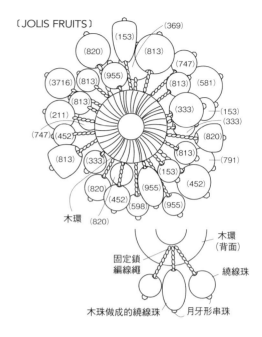

〔 JOLIS FRUITS 〕

（153）（369）（820）（813）（747）（3716）（813）（955）（813）（581）（813）（333）（211）（747）（452）（153）（333）（813）（820）（791）（333）（452）（820）（155）（598）（955）（452）（955）

木環　木環（背面）

固定鎖編線繩　繞線珠

木珠做成的繞線珠　月牙形串珠

POMPON POLKA

材料

線／DMC ETOILE繡線‧絨球用淺茶色（C840）、藻綠色（C471）、深藍色（C995）、綠色（C699）、紫色（C915）、茶色（C433）、銀灰色（415）、皇家紫（C550）、柿色（C740）、藍色（C519）、黃色（C444）、皇家藍（C798）、嫩草色（C907）、寶石紅（C816）、淺紫色（C544）各1束；繞線珠與吊繩用DMC 25號繡線‧深紫色（154）、藻粉紅（3609）各1束；FIX‧絲質段染線Soie et（505）1束

附屬品／15mm尾珠12顆、12mm木珠1顆、50mm梨形木珠1個

其他／梨形木珠（高46mm×寬21mm）

作法

❶製作11組POLKA（→P.42）。頭部加上尾珠穿繞灰綠色（3817）繡線後完成的繞線珠，以深紫色（154）繡線鉤織鎖針3針。線頭保留約15cm。

❷製作POLKA的絨球，共使用15種顏色繡線各1/2束，並分別以3種顏色為一組構成漂亮配色，完成後修剪成5cm，繫綁後塗抹白膠，固定在繞線珠上。

❸固定POLKA的尾珠與穿在吊繩上的繞線珠，穿繞深紫色（154）繡線；梨形木珠捲繞絲質段染線Soie et（505），分別完成繞線珠。

❹使用長55cm深紫色（154）與藻粉紅（3609）繡線製作吊繩，取2條線捻線完成長45cm線繩，對摺後打結，完成吊繩。吊繩穿入尾珠後，將打結處壓入尾珠孔洞中，以白膠黏貼固定。

❺將POLKA固定到穿上吊繩的尾珠周圍，以保留的線頭固定成3層。

❻以固定了POLKA的吊繩依序穿上梨形木珠的繞線珠與木珠。

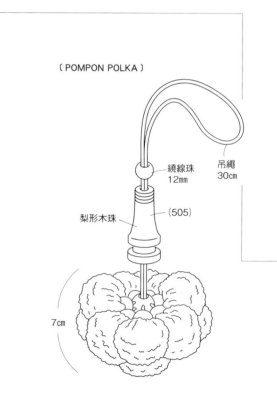

〔 POMPON POLKA 〕

繞線珠12mm　吊繩30cm

梨形木珠　（505）

7cm

楊梅造型飾品

材料

67-項鍊

線／DMC 25號繡線・繞線珠用白色（BLANC）或原色（ECRU），或段染線等1束；編繩用灰綠色（372）、綠色（909）少許

附屬品／木珠18mm 2顆、14mm 1顆；紅色、黃色、黃綠色小圓珠鍊（K-245）45cm；龍蝦鈕1個；小鳥形金屬小裝飾1個；25mm葉子形金屬小裝飾4片；3mm固定鈕5個；5mm C圈11個

其他／2/0號鉤針

68-手鍊

線／DMC 25號繡線・繞線珠用白色（BLANC）或原色（ECRU），或段染線等1束；編繩用灰綠色（372）、橄欖綠（890）少許

附屬品／木珠18mm 2顆、14mm 1顆；紅色與黃色小圓珠；寬5mm鍊子18cm；龍蝦鈕1個；小鳥形金屬小裝飾1個；25mm葉子形金屬小裝飾4片；3mm固定鈕3個；5mm C圈9個

其他／2/0號鉤針

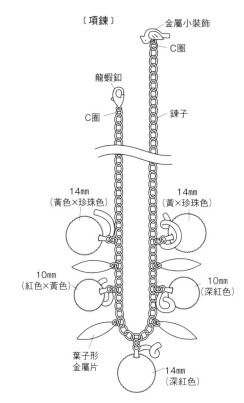

〔項鍊〕

金屬小裝飾
C圈
龍蝦鈕
C圈
鍊子
14mm（黃色×珍珠色）
14mm（黃×珍珠色）
10mm（紅色×黃色）
10mm（深紅色）
葉子形金屬片
14mm（深紅色）

作法

★項鍊、手鍊作法相同，組裝相同的配件。

❶木珠穿繞繡線，完成楊梅造型繞線珠（→P.41）後，於上側加上編繩（→P.79）做成的蒂頭。

❷完成繞線珠後，依圖示順序加上串珠，以固定鈕捲繞蒂頭基部。

❸固定鈕與其他配件加上C圈，固定到鍊子上。

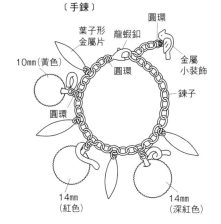

〔手鍊〕

葉子形金屬片
圓環
龍蝦鈕
10mm（黃色）
圓環
圓環
金屬小裝飾
鍊子
14mm（紅色）
14mm（深紅色）

楊梅作法

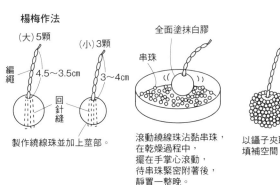

（大）5顆
（小）3顆
編繩
4.5～3.5cm
3～4cm
回針縫
製作繞線珠並加上莖部

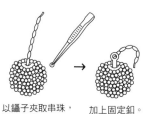

全面塗抹白膠
串珠
滾動繞線珠沾黏串珠，在乾燥過程中，擺在手掌心滾動，待串珠緊密附著後，靜置一整晚。

以鑷子夾取串珠，填補空間。

加上固定鈕。

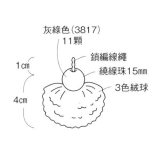

灰綠色（3817）
11顆
鎖編線繩
繞線珠15mm
1cm
4cm
3色絨球

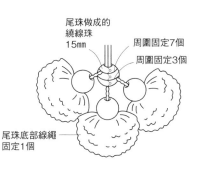

尾珠做成的繞線珠
15mm
周圍固定7個
周圍固定3個
尾珠底部線繩固定1個

蛇莓畫框

材料

布／框底布用邊長34cm的正方形米黃色人造絲材質薄布料

緞帶／寬50mm綠色百褶烏干紗（4601-3）80cm；寬11mm單側荷葉邊黃綠色（4571-17）60cm；藻綠色（4571-95）30cm；寬9mm乳白色人造絲（1100-33）60cm（以上皆MOKUBA）

附屬品／木珠18mm、15mm、10mm各2顆；紅色與黃綠色小圓珠；綠色大孔串珠；邊長17cm正方形厚紙板；邊長25cm方形匾額；縫釦線

作法

❶在避免破壞百褶狀態下，將烏干紗疊在框底布上，一邊疊放一邊固定。

❷依圖示製作蛇莓果實。

❸花瓣5片與花萼6片，以緞帶進行平針縫再拉緊縫線，緊縮成5片花瓣的小花，調整形狀後，於花朵中央縫上大孔串珠。

❹以框底布包覆厚紙板，緞帶縫上花朵與花萼後放入畫框。

〔水果畫框〕
尺寸圖

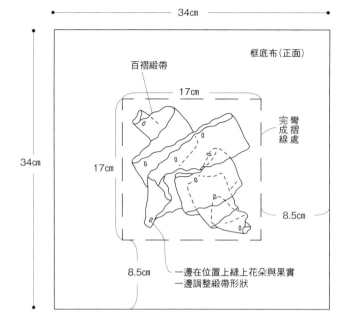

34cm

百褶緞帶

框底布（正面）

17cm

彎摺處
完成線
34cm

17cm

8.5cm

8.5cm
一邊在位置上縫上花朵與果實
一邊調整緞帶形狀

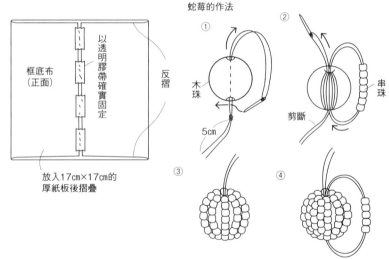

框底布（正面）

以透明膠帶確實固定

反摺

放入17cm×17cm的厚紙板後摺疊

蛇莓的作法

① 木珠　5cm

② 串珠　剪斷

③

④

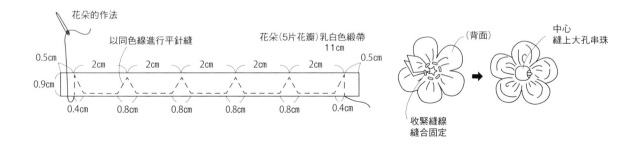

花朵的作法

以同色線進行平針縫

花朵（5片花瓣）乳白色緞帶 11cm

0.5cm　2cm　2cm　2cm　2cm　2cm　0.5cm

0.9cm

0.4cm　0.8cm　0.8cm　0.8cm　0.8cm　0.4cm

（背面）

收緊縫線縫合固定

中心縫上大孔串珠

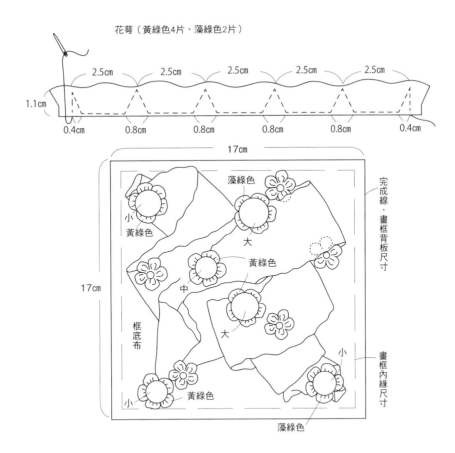

花萼（黃綠色4片、藻綠色2片）

2.5cm　2.5cm　2.5cm　2.5cm　2.5cm

1.1cm

0.4cm　0.8cm　0.8cm　0.8cm　0.8cm　0.4cm

17cm

17cm

藻綠色

小
黃綠色

大

黃綠色

中

大

小

小
黃綠色

藻綠色

完成線・畫框背板尺寸

畫框內緣尺寸

框底布

24 page 62

粉紅色系JOLIS FRUITS

材料

線／DMC 5號繡線・線繩用深綠色（934）1束；DMC 25號繡線・絨球用金黃色（834）4束、薄荷綠（966）＆灰綠色（3817）各3束；上側繞線珠用深綠色（934）、金黃色（834）各1束；水果・櫻桃用鮮紅色（304）、葉綠色（3346）；小果實・柳橙用橘色（722）、嫩葉色（471）；粉紅色果實用粉橘色（761）、樹綠色（3052）茱萸・黃綠色茱萸用蘋果綠（472）、紅色茱萸用鮮紅色（3831）＆蘋果綠（472）；大果實・淺粉紅色果實用米粉橘（224）＆淺草綠色（3053）、粉紅色果實用自然粉紅（3716）＆淺草綠色（3053）、黃色果實用芥末黃（3820）＆明亮黃綠色（3347）；蘋果・黃色蘋果用鮮黃色（743）＆嫩葉色（471）、紅色蘋果用鮮紅色（304）＆明亮黃綠色（3347）；青蘋果用茶葉色（3819）＆明亮黃綠色

（3347）；棗子用 DMC橘色系彩色繡線（4124）各1束
附屬品／寬5mm虛線緞帶（MOKUBA・No.4671-10）25cm；寬4mm芥末黃線繩（MOKUBA・No.DM0060-834）75cm；20mm尾珠1顆；30mm木環1個；木珠10mm 4顆、16mm 3顆；蘋果形木珠3個；桶形木珠12mm 2個、20mm 1個；4mm月牙形串珠（MIYUKI・MA134）6顆；3.4mm水滴形串珠（MIYUKI・DP134）4顆
其他／2/0號鉤針

作法

★請參照P.44 JOLIS FRUITS作法。木環、絨球、線繩同色。

❶以木珠與尾珠完成繽紛多彩的水果造型繞線珠，葉子、莖部、頭部加上不同長度的鎖編線繩。

❷木環捲繞線繩後，縫上結實累累的水果造型繞線珠。

〔JOLIS FRUITS〕

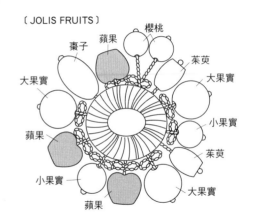

棗子
蘋果
櫻桃
大果實
茱萸
大果實
蘋果
小果實
蘋果
茱萸
小果實
大果實
蘋果

75

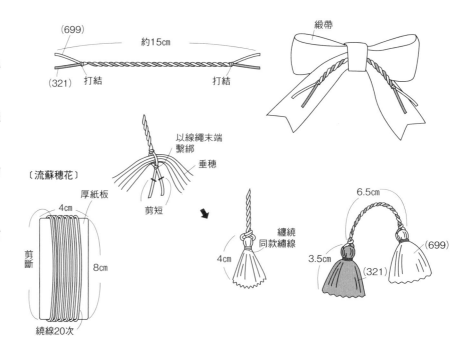

流蘇穗花＆線繩

材料

線／DMC 5號繡線・深紅色
（321）、綠色（699）各少許

作法

❶對摺兩種顏色繡線捻成線繩
（→P.39）。

❷線繩穿過蝴蝶結的打結處，
於線繩末端加上紅色與綠色的
流蘇穗花。

★疊合MOKUBA綠色（4563-3）
烏干紗緞帶，與金色（3276-34）
METALLIC TORSION緞帶後打
結，完成蝴蝶結。

〔流蘇穗花〕

金色聖誕樹

材料

線／DMC 5號繡線・樹綠色
（367）、原色（ECRU）各1束；
25號繡線・寶石紅（816）1束；
FIX都手毬線・金色（LM3）1捲
附屬品／直徑95mm×高45mm圓
錐形木珠1個；8mm金色尾珠5
顆；10mm星形小裝飾1個

作法

❶製作（A）～（E）的流蘇穗
花。（C）預留纏繞形成頸部的
線，於頭部加上尾珠，鉤織1針
鎖針完成吊掛部分。

為完成尺寸兩倍的繡線5次，對
摺後打結。

❷樹綠色（367）繡線依圖示
順序穿入流蘇穗花，木珠塗抹
白膠後，自上側開始一邊捲繞
繡線，一邊黏貼。流蘇穗花錯
開位置，外觀協調地固定在木
珠上。

❸捲繞黏貼至圓錐形木珠底
部，頂端以樹綠色（367）繡線
繫綁星形小裝飾。

〔金色聖誕樹〕

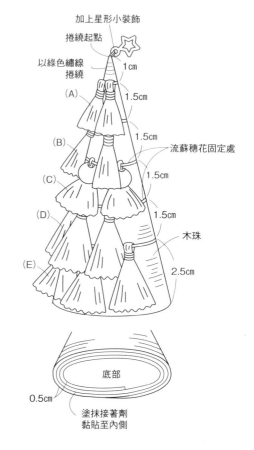

★流蘇穗花繞線板分別捲繞長度

捲繞木珠的繡線事先穿上流蘇穗花。

(A)原色 ECRU 5條	(B)原色 ECRU ×(LM3)5條	(C)寶石紅 (816)5條	(D)金色 (LM3)6條	(E)金色 (LM3)6條
2cm	2.5cm	鎖針1針 尾珠 2cm	3cm	2.5cm

32 page 85

迷你聖誕樹

材料
線／DMC 5號繡線・寶石紅
（816）少許；FIX都手毯線・金
色（LM3）1捲
附屬品／直徑30mm×高30mm圓
錐形木珠1個；10mm星形小裝飾
1個；金屬類型大孔串珠4～5色
30顆

作法
❶圓錐形木珠塗抹白膠，從上側
開始黏貼手毯線，接著於頂端以
手毯線綁上星形小裝飾。
❷寶石紅（816）繡線穿入串
珠，線頭加上3cm×繞線8次後
完成的對摺式流蘇穗花，完成
流蘇穗花珠鍊。
❸將流蘇穗花珠鍊套在迷你聖
誕樹上。

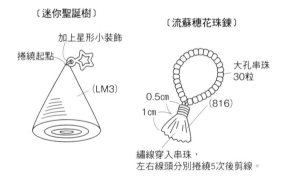

〔迷你聖誕樹〕 〔流蘇穗花珠鍊〕
加上星形小裝飾
捲繞起點
（LM3）
大孔串珠
30粒
0.5cm
1cm （816）
繡線穿入串珠，
左右線頭分別捲繞5次後剪線。

33 page 86

松果

材料（1件用量）
線／DMC 25號繡線・玫瑰紅
（326）；5號繡線・鮮紅色（304）
各少許；FIX都手毯線・金色
（LM3）少許
附屬品／20mm尾珠的木珠1
個；寬7mm紅色絨布緞帶40cm；
6mm金色羊眼釘（9字針類型）1
根；松果1個

作法
❶松果上側拴入羊眼釘，形成
縱向空間，少量塗抹白膠，固
定羊眼釘。
❷尾珠穿繞3種繡線，完成繞
線珠（→P.41）。
❸對摺緞帶，穿過羊眼釘頭
部，在繞線珠下端打一個蝴蝶
結。

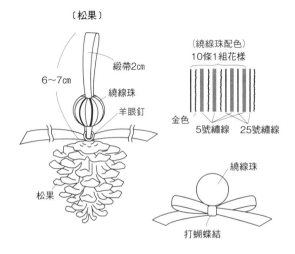

〔松果〕
緞帶2cm
6～7cm
繞線珠
羊眼釘
松果

（繞線珠配色）
10條1組花樣
金色
5號繡線 25號繡線

繞線珠
打蝴蝶結

33 page 87

小裝飾

白色小裝飾
材料（1件用量）
線／DMC 25號繡線・白色
（BLANC）1/2束；AFE羊毛繡
線・白色（WOOL-F414）4m；
BOUCLE圈圈紗（BOO-01）、棉
質SLUB（CS-01）各2m；FIX都
手毯線・金色（LM3）2m
附屬品／35mm木珠 1顆、寬2mm
線繩（MOKUBA・No.0884-34）
18cm；MIYUKI・塑膠串珠
（K3802・#49）1顆
其他／大孔縫針（CLOVER・大
孔手縫針No.10）

作法
❶依圖示織線組合穿繞木珠，完
成繞線珠（→P.41）。木珠在穿
繞配色線之前，先分別穿繞基底
色（白色、紅色、綠色）用線，完
成的繞線珠會更漂亮。
❷對摺線繩形成12cm線圈後打
結，在繞線珠上側的孔洞裡少量
塗抹白膠，以尖錐將繩結壓入並
確實固定，接著穿入塑膠串珠。

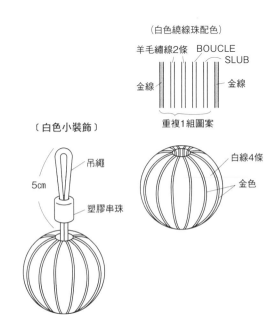

（白色繞線珠配色）
羊毛繡線2條 BOUCLE
SLUB
金線 金線
重複1組圖案

〔白色小裝飾〕
吊繩
5cm
塑膠串珠

白線4條
金色

小裝飾

紅色小裝飾
材料（1件用量）
線／**A**：DMC 25號繡線・寶石紅（816）；
ETOILE寶石紅（C816）各1束
B：DMC 25號繡線・玫瑰紅（326）；AFE穗子
線・紅色（Tas.F.700）；AFE創意捻線・紅色2種
（SPR-02、SPR-04）；MOKUBA花式紗線・金
色（F004-2）各2m
C：DMC 25號繡線・鮮紅色（304）；AFE穗子
線・紅色（Tas.F.700）；AFE創意捻線・紅色2種
（SPR-06、SPR-10）；FIX都手毯線・金色
（LM3）；MOKUBA花式紗線・金色（F004-2）
各2m
附屬品／35mm木珠1顆；寬2mm繩帶（MOKUBA・
No.0884-34)18cm；塑膠串珠（MIYUKI・No.
K3802-49）或15mm紅色玻璃串珠
其他／2/0號鉤針

綠色小裝飾
材料（2件用量）
線／DMC 25號繡線・綠色（699）；
ETOILE・綠色（C699）；5號繡線・綠
色（699）各3m
附屬品／35mm木珠1顆；寬2mm金色繩
帶（MOKUBA・No.0884-34）18cm；
MIYUKI・塑膠串珠（K3802-6）1顆
★作法參照P.77。

〔綠色小裝飾〕

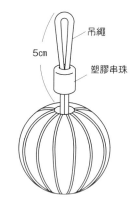

吊繩
5cm
塑膠串珠

（綠色繞線珠配色）
ETOILE・綠色（C699）1條
1組花樣
5號繡線綠色（699）2條

〔紅色小裝飾A〕

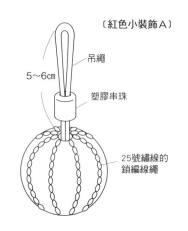

吊繩
5～6cm
塑膠串珠
25號繡線的
鎖編線繩

ETOILE
寶石紅（C816）
25號寶石紅
（816）
鎖編線繩
17條1組花樣

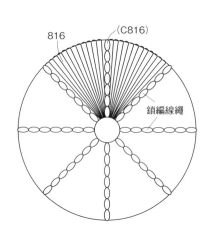

816
（C816）
鎖編線繩

〔紅色小裝飾B〕

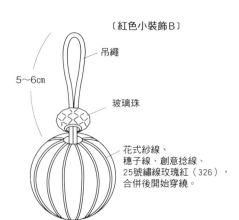

吊繩
5～6cm
玻璃珠
花式紗線、
穗子線、創意捻線、
25號繡線玫瑰紅（326），
合併後開始穿繞。

〔紅色小裝飾C〕

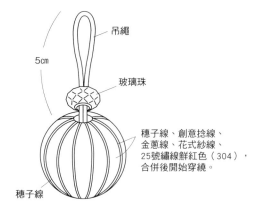

吊繩
5cm
玻璃珠
穗子線、創意捻線、
金蔥線、花式紗線、
25號繡線鮮紅色（304），
合併後開始穿繞。
穗子線

鉤針編織基礎

鎖針　　　　　　引拔針　　　　　　短針

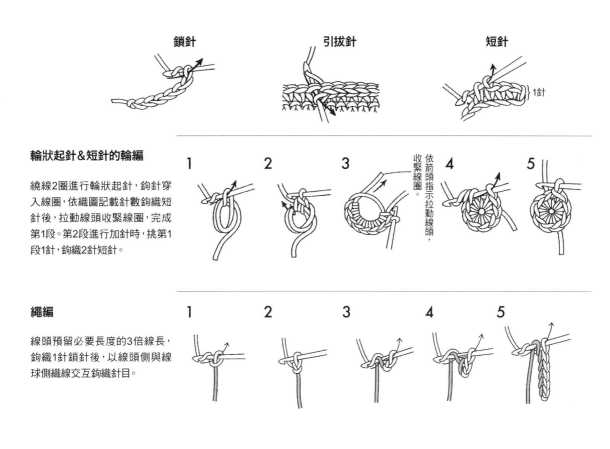

輪狀起針＆短針的輪編

繞線2圈進行輪狀起針，鉤針穿入線圈，依織圖記載針數鉤織短針後，拉動線頭收緊線圈，完成第1段。第2段進行加針時，挑第1段1針，鉤織2針短針。

1　　　2　　　3　依前頭指示拉動線頭，收緊線圈。　4　　　5

繩編

線頭預留必要長度的3倍線長，鉤織1針鎖針後，以線頭側與線球側織線交互鉤織針目。

1　　　2　　　3　　　4　　　5

刺繡基礎

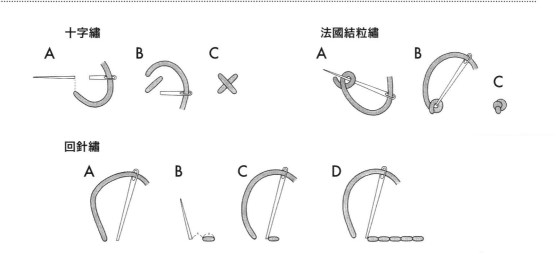

十字繡　　　　　　　　　　　法國結粒繡

A　　　B　　　C　　　　　　A　　　B　　　C

回針繡

A　　　B　　　C　　　D

趣·手藝 107

我的亮眼生活，我設計！
繞線珠&流蘇穗花手作Lesson

作　　者／金田惠子
譯　　者／林麗秀
發 行 人／詹慶和
特約編輯／黃美玉
執行編輯／蔡毓玲
編　　輯／陳姿伶·劉蕙寧·黃璟安
執行美編／陳麗娜
美術編輯／周盈汝·韓欣恬
出 版 者／Elegant-Boutique新手作
發 行 者／悅智文化事業有限公司
郵政劃撥帳號／19452608
戶　　名／悅智文化事業有限公司
地　　址／220新北市板橋區板新路206號3樓
網　　址／www.elegantbooks.com.tw
電子郵件／elegant.books@msa.hinet.net
電　　話／(02)8952-4078
傳　　真／(02)8952-4084

2021年08月 初版一刷　定價 380 元

暮らしを楽しむタッセルLesson
© Keiko Kanada 2019
Originally published in Japan by Shufunotomo Co., Ltd.
Translation rights arranged with Shufunotomo Co., Ltd.
Through Keio Cultural Enterprise Co., Ltd.

經銷／易可數位行銷股份有限公司
地址／新北市新店區寶橋路235巷6弄3號5樓
電話／(02)8911-0825　傳真／(02)8911-0801

國家圖書館出版品預行編目(CIP)資料

我的亮眼生活,我設計！繞線珠&流蘇穗花手作
Lesson/金田惠子著.
-- 初版. -- 新北市：Elegant-Boutique新手作出版：
悅智文化事業有限公司發行, 2021.08
　面；　公分. -- (趣.手藝；107)
ISBN 978-957-9623-71-1(平裝)

1.裝飾品 2.手工藝

426.9　　　　　　　　　　　　110010832

金田惠子　Keiko Kanada

生於日本福岡縣。杉野學園Dressmaker學院設計系畢業。
歷經服飾設計師、時尚插畫家等工作，
從最有興趣的野花素描獲得靈感後，毅然投入緞帶藝術與珠飾創作。
秉持「愛惜最貼近生活的日本花草植物」信念，積極舉辦展示會，
還以東京高円寺教室為據點，擔任東急SEMINAR BE自由之丘校、
VOGUE學園東京校、ECOLE PETIT PIED銀座等多所學校講師。
目前已出版《新裝版 ちいさなタッセル＆巻き玉工房》(主婦之友社)等
五本流蘇穗花&珠飾相關書籍。

作品制作·協力
Chief　武田昌子
山本実津恵　小倉多鶴佳　矢島清江　柳本敦子　新戸洋子
畑 典子　林 和子　畠山美和　鈴木香代　江波戸朋子
さわせたり　井口恭子　関根道代　小林美喜　沖野光枝
山中正子　深津明子　村松由貴子　有泉ゆきみ　織田清美
森田裕子　安藤春代

日文版STAFF
書籍設計／堀江京子 (netz.inc)
攝影／佐山裕子 (主婦の友社)
作法製圖／二宮知子
校正／荒川照実
編輯協力·視覺呈現／吹石邦子
責任編輯／小野貴美子

Tassel decoration

Tassel decoration

Tassel decoration

Tassel decoration